Ma la foi

ESSAI HISTORIQUE

SUR

LES SERVICES ET LES TRAVAUX

SCIENTIFIQUES

DE GASPARD MONGE.

OUVRAGES PUBLIÉS PAR L'AUTEUR,

ET QUI SE TROUVENT CHEZ LE MÊME LIBRAIRE.

Développements de Géométrie, avec des applications à la stabilité des vaisseaux, aux déblais et remblais, au défilement, à l'optique, etc., pour faire suite à la géométrie descriptive et à la géométrie analytique de G. Monge, livre dédié à ce géomètre. *Paris*, 1813. 1 vol. in-4°. Prix : 15 fr.

Analyse du tableau de l'architecture navale militaire aux XVIII°. et XIX°. siècles, avec les rapports de l'Institut et de la Marine. *Paris*, 1815. 1 v. in-4° Prix : 1 f. 80 c.

Mémoires sur la Marine et les Ponts et Chaussées de France et d'Angleterre. *Paris*, 1818. 1 volume in-8°. Prix : 6 fr. 50 c.

Examen des travaux de César autour d'Alésia, œuvre posthume de Léopold Vacca Berlinghieri, avec la vie de ce militaire, par Ch. Dupin. *Lucques*, 1812. 1 vol. in-8°. Prix : 3 fr.

Essais sur Démosthènes, contenant la traduction de ses harangues pour Olynthe, des considérations sur son éloquence, etc. *Paris*, 1814. 1 vol. in-8°. Prix : 4 fr.

Lettre à Mylady Morgan sur Racine et Shakespeare. *Paris*, 1818. 1 vol. in-8°. Prix : 2 fr. 50 c.

Essai historique sur Monge : 4 fr. 50 c.

IMPRIMERIE DE FAIN, RUE DE RACINE, PLACE DE L'ODÉON.

ESSAI HISTORIQUE

SUR

LES SERVICES ET LES TRAVAUX

SCIENTIFIQUES

DE GASPARD MONGE,

Ancien Professeur à l'École du génie militaire, à l'École normale, à l'École polytechnique ; ancien Membre de l'Académie des Sciences, de l'Institut de France et de l'Institut d'Égypte ;

Par Charles DUPIN,

ÉLÈVE DE MONGE, ET MEMBRE DE L'INSTITUT DE FRANCE.

> Les Égyptiens honoraient surtout la reconnais-
> sance, comme la source des vertus publiques et
> privées, et comme le plus juste et le plus utile
> des penchants naturels.
>
> (*Descrip. de l'Égypte; préf.* Fourier.)

PARIS,

BACHELIER, LIBRAIRE, QUAI DES AUGUSTINS.

1819.

AUX ÉLÈVES

DE

L'ÉCOLE POLYTECHNIQUE,

Un ancien camarade;

Charles DUPIN.

PRÉFACE.

Pour composer cet Essai, nous avons consulté touts les hommes qui, depuis cinquante ans, ont partagé les missions et les travaux dont se compose la vie active de Monge. Ils ont mis dans leurs communications la libéralité la plus digne d'éloges. Ils nous ont appris des faits, précieux pour l'histoire des travaux publics, honorables pour le savant auquel ils se rapportent.

Lorsque nous avons écrit l'analyse raisonnée des recherches mathématiques et physiques, titres nombreux et brillants de la gloire de Monge, nous avons également eu recours aux conseils et aux lumières des hommes qui ont, de concert avec lui, reculé les bornes des sciences et des arts.

Si nous n'avions pas eu ces secours multipliés, il nous aurait été impossible d'embrasser et de juger un ensemble aussi grand et aussi varié que celui des œuvres de ce géomètre.

Malgré touts les soins que nous avons pris pour

parvenir à l'exactitude dans les faits et dans les jugements, nous sentons combien cet Essai doit encore être loin de la perfection.

Nous recevrons avec une égale reconnaissance, et les documents tendant à rectifier ou à compléter l'historique des services de Monge, et les observations sur les erreurs ou les lacunes de nos propres idées.

Paris. Décembre 1818.

ESSAI HISTORIQUE

SUR

LES SERVICES ET LES TRAVAUX

SCIENTIFIQUES

DE GASPARD MONGE.

INTRODUCTION.

Dans le court trajet de cette vie, quelques hommes supérieurs, secondés par la fortune, immortalisent leur passage et signalent leur puissance, avec des œuvres qui triomphent des ravages du temps. Déjà, leur gloire est digne d'envie, lorsqu'ils décorent nos cités, en élevant des monuments qui portent à la fois pour caractères, la sagesse, la grandeur et la durée. Mais, leur gloire est bien plus pure et bien plus noble encore, lorsque, dans les âmes de la jeunesse, ils élèvent un édifice de science et de raison; lorsqu'ils y font éclore et fleurir le goût éclairé du beau, de l'utile et du vrai; lorsqu'enfin, par leurs encouragements, leurs préceptes et leurs exemples, ils entraînent et dirigent une génération toute entière, dans la voie laborieuse qui conduit à la prospérité, à la puissance, à l'illustration de la patrie. Le bienfait de ces travaux, avec la mémoire de leurs auteurs, est transmis des pères aux enfants, des petits-fils aux arrière-neveux. Ainsi, la reconnaissance accordée aux bienfaiteurs, est reproduite d'âge en âge : fille de la vraie gloire, elle grandit pour eux dans la postérité.

Si de tels hommes ont marché vers un tel but, en traversant des époques désastreuses par leurs lugubres subversions, et d'autres non moins désastreuses par leur éclat asservissant et corrupteur ; si, frappés d'adversité, ni la peur, ni la détresse n'ont arraché de leurs cœurs l'amour pour la science et l'actif intérêt pour la génération espoir de la patrie ; si, devenus les favoris de la fortune, ni les honneurs, ni l'opulence n'ont affaibli cet amour, ni ralenti cet intérêt, ni changé la bonté naïve qui encourage et féconde, en orgueil superbe qui repousse et flétrit les jeunes âmes, arrêtons-nous à la vue d'un si beau spectacle! Disons hardiment que ces hommes, par une telle constance, font honneur à la société. Au lieu de glaner avec malignité dans les détails de leur existence orageuse et traversée, pour y faire la part à la faible humanité, moissonnons largement dans le champ de leurs grandes pensées, de leurs chefs-d'œuvre et de leurs belles actions. Honorons-les pendant leur vie. Et, quand la mort nous les enlève, accordons sans hésiter à leurs mânes le tribut de nos éloges, de nos regrets et de notre vénération. Pour remplir ce dernier devoir, pourrions-nous être retenus par aucune de ces lâches considérations de temps et de circonstances, qui composent la prudence du siècle. Pourrions-nous craindre de rendre une entière justice aux services et aux travaux de celui qui fut notre maître et notre ami! de celui qui reçut sans protection nos hommages désintéressés, lorsqu'il était dans la grandeur et dans la faveur! Rendons-lui donc les mêmes hommages, à présent que la tombe s'est ouverte et fermée sur sa cendre, en des jours moins prospères pour lui.

Si nous osons entreprendre cette tâche, ce n'est pas pour donner un juste mais stérile éloge à d'illustres conceptions, et aux fatigues d'une vie consacrée à les réaliser par des institutions utiles à la patrie. C'est pour conserver, c'est pour propager les idées qu'un esprit supérieur s'était formées au sujet de ces grandes créations; c'est pour consolider l'empire des vérités qui lui sont dues et qui lui survivent dans l'opinion des hommes éclairés; c'est, surtout, pour faire revivre celles que déjà mille préjugés s'empressent d'étouffer; c'est enfin pour offrir aux cœurs généreux, l'exemple d'un individu, sorti des rangs (jadis obscurs) de la plèbe, et produisant un bien immense dans l'instruction générale des classes qui sont la force et la lumière de l'état.

Il faut tenter de montrer dans leur jour le plus propre et le plus vrai, les phases variées d'une vie tour à tour active et contemplative. Il faut néanmoins éviter les bizarres disparates que produisent toujours le mélange de considérations abstraites et purement scientifiques, avec le récit des scènes animées d'entreprises et de services grands par leur objet, par les circonstances, les lieux, les temps qui les ont vus naître, les hommes qui les ont secondés, et les élèves dont ces travaux ont fécondé, développé le talent.

Pour atteindre ce double but, nous établirons deux divisions principales dans le sujet que nous allons traiter. Nous ferons connaître d'abord l'ami des hommes et de la société, le père de la jeunesse studieuse, le fondateur et le promoteur des institutions, des entreprises grandes et libérales. Ensuite nous exposerons le tableau des vérités fondamentales que les sciences doivent à ses méditations. Dans cette dernière partie nous jetterons un coup d'œil général sur les travaux entrepris par les géomètres, et les ingénieurs qu'il a guidés dans la carrière, et qui forment son école.

PREMIÈRE PARTIE.

G. Monge naquit à Beaune en 1746. Il eut deux frères (1) qui, comme lui, suivirent la carrière des sciences. Leur père avait acquis l'aisance que procure une honnête et prudente industrie. Son jugement et ses idées l'élevaient de beaucoup au dessus de son état ; il fit tout pour donner à ses enfants une éducation solide et une instruction supérieure. Les progrès rapides des trois frères, et surtout de l'aîné dont nous écrivons la vie savante, payèrent promptement à cet heureux père le prix de ses soins et de ses sacrifices. Dès l'âge de seize ans, les progrès de G. Monge méritèrent qu'on chargeât le jeune élève de professer, au collège de Lyon, la physique qu'il venait d'y apprendre l'année précédente.

Ainsi, dès l'adolescence, commença pour Monge la carrière du professorat, qu'il a parcourue, avec un éclat toujours croissant, pendant quarante-huit années.

Les oratoriens qui dirigeaient le collège de Lyon, justes appréciateurs du mérite, firent beaucoup d'efforts pour affilier à leur congrégation, un néophyte qui s'annonçait sous d'aussi brillants auspices, dans la carrière des sciences. Mais quelques circonstances particulières en décidèrent autrement. Le jeune Monge, étant venu à Beaune au temps des vacances, entreprit de lever le plan de cette ville. Il n'avait pas d'instruments pour cette opé-

(1) *Louis* Monge, examinateur des élèves de la marine ; et *Jean* Monge, ancien professeur d'hydrographie au port d'Anvers.

ration; il en composa. Il dessina lui-même son ouvrage sur une très-grande échelle. Ensuite, il fit hommage de son travail à l'administration de sa ville natale, qui récompensa le jeune auteur, aussi généreusement que pouvaient le permettre les moyens bornés de la richesse communale.

Un lieutenant colonel du génie militaire, qui se trouvait alors à Beaune, tourna vers les travaux publics, les vues du jeune géomètre; il écrivit en sa faveur au commandant de l'école du génie militaire, à Mézières, et obtint que Monge fût attaché comme dessinateur et comme élève, à l'école d'appareilleurs et de conducteurs de travaux des fortifications.

Cette école pratique, d'une utilité démontrée par l'expérience, et qui non-seulement devrait être rétablie pour le génie militaire, mais qui devrait être imitée pour les autres services des travaux publics, était ouverte à touts les jeunes gens distingués par leurs talents naturels, mais à qui leur fortune et surtout leur naissance, ne permettaient pas d'aspirer à des emplois plus brillants.

Si Monge eût été de ce qu'on appelait alors un sang noble, si du moins ses pères eussent vécu noblement, c'est-à-dire, dans la fainéantise, avec son talent naturel et son instruction, il eût été reçu sans difficulté dans le corps des officiers du génie militaire, et il en fût devenu l'un des principaux ornements. Mais le fils de l'honnête possesseur d'une opulente hôtellerie, n'était pas fait, alors, pour un état où c'était beaucoup que d'arriver au grade de capitaine après vingt ans de service, et à celui de colonel avant l'âge de la décrépitude!

Ainsi Mong. fut relégué dans la classe des conducteurs de travaux (1). Comme il dessinait avec une rare perfection, on con-

(1) Madame Rolland, dans ses mémoires, aigrie par le malheur et séduite

sidérait uniquement son talent manuel. Ce dessinateur qui, bientôt, allait devenir un des premiers géomètres de la France, et
qui sentait déjà sa force, ne pouvait sans indignation songer à
l'estime exclusive qu'on accordait à ses dispositions méchaniques. « J'étais mille fois tenté, disait-il long-temps après, de
» déchirer mes dessins par dépit du cas qu'on en faisait, comme
» si je n'eusse pas été bon à produire autre chose! »

Heureusement, enfin, le directeur de l'école chargea Monge
des calculs pratiques d'un cas particulier de *défilement*, opération qui, comme on sait, sert à combiner le relief et le tracé des
fortifications avec le moins de frais possible et si bien, que, dans
tous les points essentiels de leur intérieur, le défenseur s'y trouve
à l'abri des coups de l'assaillant.

Le jeune Monge, excédé des calculs interminables et mono-
tones, employés pour résoudre un problème qui devait n'appartenir qu'à la pure géométrie, abandonne aussitôt la marche suivie jusqu'alors; il découvre la première méthode géométrique et
générale qu'on ait donnée pour exécuter l'importante opération
d'un défilement (1).

Sûr de sa solution, il la présente au commandant de l'école,
qui d'abord refuse de la recevoir, *attendu*, disait-il, *que l'auteur n'avait pas même pris le temps nécessaire pour suivre
ponctuellement les calculs de la méthode ordinaire.* Cepen-

par l'esprit de parti, a traité Monge avec cette légèreté d'une femme bel esprit,
qui, jugeant du talent des hommes par leurs grâces dans le salon, ne croit pas
qu'une tournure simple et naïve puisse cacher un talent vaste et profond, ni
qu'un salut un peu gauche soit compatible avec la rectitude des idées et la finesse
de l'esprit. Madame Rolland a cru, sans doute, faire une injure bien cruelle à Monge
en apprenant au public que c'était un maçon parvenu. On voit ici à quoi se réduit
cette imputation qui, fût-elle vraie, ne serait, à mes yeux, qu'ajouter au prodigieux
mérite nécessaire pour s'élever des derniers aux premiers rangs de la société.

(1) Voyez, dans la seconde partie, l'histoire technique de ce problème.

dant il fallut finir par examiner la nouvelle méthode ; elle fit voir de quel avantage pouvait être la géométrie dont elle offrait l'exemple, dans la résolution des questions les plus importantes relatives aux travaux publics.

En appliquant successivement son talent mathématique à diverses questions d'un genre analogue, et généralisant toujours ses moyens de concevoir et d'opérer, Monge parvint enfin à former un corps de doctrine ; ce fut sa géométrie descriptive dont nous donnerons une idée plus étendue dans la seconde partie de cet écrit.

Mais combien d'obstacles ne fallait-il pas vaincre pour renverser l'échafaudage d'une foule de pratiques incohérentes, et leur substituer une méthode simple, générale qui ne laissât plus de prise au charlatanisme, et plus de voile aux mystères de l'empirisme ! Ces difficultés furent telles que, pendant plus de vingt ans, il fut impossible à Monge de faire enseigner aux élèves de Mézières, l'application de sa géométrie aux tracés de la charpente. Un énergique charpentier, chargé d'expliquer un certain nombre de tracés, tint ferme pour l'intégrité de ses routines ; et, pour prix du caractère vigoureux qu'il déploya contre la raison, il obtint d'enseigner toute sa vie ses pratiques particulières, en dépit de toute théorie générale.

Monge fut plus heureux pour l'application à la coupe des pierres. Dans l'école pratique destinée à former des appareilleurs et des directeurs de constructions d'architecture et de fortifications, institution qui a produit les plus heureux effets sur l'industrie de la contrée environnante, on enseignait à tracer et à modeler en plâtre la coupe des pierres. Monge suivit avec soin les méthodes employées à cette excellente étude, et les perfectionna, en les simplifiant par sa géométrie.

Jusqu'à l'époque où la révolution, avec sa main de fer, brisa

tous les préjugés, les connaissances spéciales données à l'école
de Mézières restèrent enveloppées d'un voile empirique qui n'é-
tait pas digne de la sagesse et de la solidité d'une aussi belle institution. Alors il y avait entre les corps de l'artillerie et du génie
militaire, du génie militaire et des ponts et chaussées, une rivalité
qui dégénérait en étroite jalousie. Le génie militaire, possédant
un système d'instruction plus complet et mieux gradué, avait
tout l'avantage des connaissances, et s'efforçait d'en garder pour
lui seul le trésor. Il était surtout défendu aux officiers du génie
de communiquer aux artilleurs les manuscrits dans lesquels ces
connaissances étaient développées ou seulement appliquées :
par ces précautions la géométrie descriptive resta secrète jusqu'à l'institution de l'école normale.

C'est ainsi qu'avant la création d'une école centrale des travaux publics, les serviteurs de la même patrie, se regardant
comme des ennemis naturels, se refusaient réciproquement des
lumières qui eussent pu servir avec tant d'avantage le bien général
et la force publique?

Les travaux scientifiques de Monge le firent promptement
nommer répétiteur de mathématiques et de physique, pour
suppléer à Nollet et à Bossut ; ensuite il fut nommé professeur
titulaire.

Lorsque Monge fut chargé d'enseigner la physique, science
par laquelle il avait débuté dans la carrière de l'enseignement,
il tourna ses vues vers l'étude d'une foule de phénomènes de
la nature. Il fit alors de nombreuses expériences sur l'électricité;
il expliqua les phénomènes qui se rapportent à la capillarité; il
fut le créateur d'un ingénieux système de météorologie; enfin,
ce qui vaut bien mieux pour sa renommée, il opéra la composition de l'eau, et partagea l'un des plus beaux titres de gloire de
Cavendish, de Lavoisier et de Laplace, en faisant cette grande

découverte sans avoir c.. .onnaissance de leurs recherches un
peu antérieures.

Monge ne se contentait pas d'expliquer aux élèves, dans ses
leçons périodiques et dans les salles d'étude, les théories de la
science et leurs applications. Il aimait à conduire ses disciples
partout où les phénomènes de la nature et les travaux de l'art
pouvaient rendre sensibles et intéressantes ces applications. Le
terrain qui entoure Mézières, par sa variété, sa richesse miné-
rale et ses accidents, est éminemment propre aux démonstrations de la physique et de la géologie. En même temps cette
contrée, habitée, exploitée par des hommes industrieux, présente une foule de manufactures, soit pour les arts civils, soit
pour les arts militaires. Monge étudiait avec une égale ardeur
et les phénomènes de la nature et les phénomènes de l'industrie;
il acquérait des lumières pratiques qui devaient un jour puissamment contribuer au salut de la patrie, et s'empressait d'en faire
jouir la jeunesse studieuse.

Dans ces excursions, faites aux jours de congé, par les plus
beaux temps de l'année, au milieu des sites les plus pittores-
ques, l'imagination de Monge semblait s'agrandir comme les as-
pects offerts à ses regards par la nature; il communiquait à ses
disciples son ardeur et son enthousiasme, et changeait en plaisirs passionnés des observations, des recherches appliquées à des
objets sensibles, qui, faites dans l'enceinte d'une salle et par des
considérations abstraites, n'eussent paru qu'une pénible étude.

Il est arrivé parfois que, pour gagner plus tôt quelque usine
sans aller chercher des routes et des ponts, Monge continuant
ses explications à ses élèves, s'avançait à travers un large ruis-
seau, le passait à gué sans s'interrompre, sans que les jeunes gens
qui l'entouraient cessassent de se presser autour de lui, en silence, et tout absorbés par les vérités qu'il dévoilait à leur intel-

ligence : tant était grande et magique la puissance qu'il exerçait sur leurs esprits !

Ces travaux divers, cette vie active et bienfaisante, ne faisaient pas négliger à Monge la recherche des vérités mathématiques. A côté de la géométrie descriptive, il élevait un monument à la géométrie analytique, et complétait le bienfait d'une application imaginée par Descartes.

Mûri par les méditations solitaires, formé loin de la capitale, sans prôneurs et sans protecteurs, il n'acquit les honneurs littéraires qu'après les avoir noblement achetés par de nombreux et grands travaux. Il ne fut nommé correspondant de l'académie des sciences qu'après avoir donné beaucoup de mémoires d'analyse et de géométrie transcendante, et créé dans ces deux sciences combinées, une science nouvelle.

En 1780, afin d'attirer Monge à Paris, on l'adjoignit à Bossut, alors professeur titulaire du cours d'hydrodynamique institué au Louvre par le bienfait du ministère de Turgot.

Indépendamment des leçons qui faisaient le sujet obligé d'un tel cours, Monge, entraîné par son zèle, enseignait la géométrie analytique à quelques élèves ambitieux de pénétrer dans la connaissance des hautes mathématiques; à Lacroix, depuis membre de l'Institut ; à Gay-Vernon (1), etc. Il leur montrait quelles relations admirables unissent les opérations de l'analyse et de la géométrie. Il aurait voulu leur enseigner également ce qu'il avait découvert en géométrie descriptive. « Tout ce que je fais ici par le calcul, leur disait-il, je pourrais l'exécuter avec la règle et le compas; mais il ne m'est pas permis de vous révéler ces secrets. »

_____

(1) Depuis professeur à l'école polytechnique ; auteur d'un Traité de géométrie descriptive appliquée à l'art militaire en général, et spécialement à la fortification.

Ainsi, en 1780, la mysticité du génie militaire était encore assez puissante pour forcer l'inventeur d'une science, à taire les méthodes qui devaient hâter les progrès d'une foule de nos arts.

Voilà ce qu'il faut dire et redire aux hommes qui, même aujourd'hui, n'apprécient pas à leur juste valeur les avantages incalculables dérivés du rapprochement et de la fusion des lumières données aux officiers de tous les travaux publics. Mais n'anticipons point sur l'examen et le récit de ces bienfaits.

Monge, à l'époque dont nous parlons, pour concilier le devoir des deux places qu'il remplissait, passait six mois de l'année à Mézières et six à Paris. Sur ce dernier et plus vaste théâtre, ses talents prirent un nouvel essor et trouvèrent une digne récompense. Il fut élu membre de l'académie des sciences (en 1780), et par ses fonctions d'académicien put propager cet esprit de perfectionnement qu'il apportait en toutes choses.

En 1783, à la mort de Bezout, il fut choisi pour remplacer ce célèbre examinateur de la marine. Ses nouvelles fonctions exigèrent qu'il quittât tout-à-fait l'école de Mézières, où il avait professé pendant 18 ans, et formé pour la géométrie et la physique, les Meusnier, les Tinseau, les Carnot, les Coulomb, etc.

Bezout, par ses traités élémentaires de mathématiques, avait rendu à la science un service signalé. Doué d'une singulière clarté d'exposition, il avait certainement aplani la route, et, par là multiplié le nombre des hommes qui peuvent atteindre à la connaissance des vérités analytiques et géométriques. Cependant les écrits de Bezout sont encore bien loin de ce degré de rigueur et de perfection auquel les professeurs de l'école normale, et après eux Lacroix et Legendre, ont porté les éléments de mathématiques.

Plus d'une fois le maréchal de Castries invita Monge à récrire le cours élémentaire de mathématiques pour les élèves de la marine, et à compléter ainsi le monument qui s'élevait sous les auspices de ce ministre éclairé. Mais toujours Monge s'en défendit: « Bezout a laissé, disait-il, une veuve qui n'a d'autre fortune que les écrits de son mari, et je ne veux point arracher le pain à l'épouse d'un homme qui a rendu des services importants à la science et à la patrie. » A mes yeux l'honneur d'un tel refus vaut celui qui couronnerait le plus sublime ouvrage.

Le seul écrit élémentaire que Monge publia pour les élèves de la marine fut son traité de statique. Il était forcé, par la destination même de cet ouvrage, à préférer en tout la voie la plus facile. Il sacrifie par là quelque chose de la certitude absolue de certaines démonstrations. Mais, à quelques passages près, où l'évidence supplée à ce qu'on pourrait désirer d'une plus grande rigueur, la statique de Monge est un modèle de logique, de simplicité, de clarté. C'est un ouvrage eulérien, et vraiment fait pour les jeunes élèves qui ne se destinent qu'à l'application de la science à la méchanique pratique des arts.

C'est sans doute à l'époque où Monge écrivit ce traité, qu'il faut rapporter l'origine des grandes idées qu'il avait conçues au sujet des machines. En considérant les rapports des causes et des effets dans les mouvements des machines, il avait saisi, à travers l'infinie variété qu'elles présentent, un fil qui pouvait guider avec sûreté, et rendre facile en même temps que méthodique, l'étude de tant de moyens en apparence incohérents. Il réduisait d'abord chaque machine à ses éléments les plus simples. Dans chaque élément il considérait le mouvement imprimé et le mouvement communiqué. Mais les machines, en vertu de leurs formes, ne sont propres qu'à recevoir certains mouvements et à les transmettre dans certaines directions ; toutes les parties de l'espace que leurs éléments parcourent, sont de nature à se déterminer d'après la seule connaissance de la figure de ces éléments : envisagée ainsi, la description des machines est du ressort de la science de l'étendue. Cette manière de considérer leur action est simple et belle ; elle est digne du créateur de la géométrie descriptive. Combien n'est-il pas à regretter qu'il n'ait point, lui-même, développé son idée, et laissé pour la postérité un ouvrage qui serait un des monuments de notre siècle !

Monge rendit un service d'un autre genre à la science et aux arts de la méchanique, en formant le jeune Prony pour cette science et pour ces arts. Prony s'était fait connaître à l'Académie par un mémoire sur la poussée des voûtes, dont l'objet était de démontrer théoriquement la solidité du célèbre pont de Neuilly ; solidité déniée alors par l'envie, et depuis si bien attestée par le temps. Monge, guidé par cette bienveillance pour la jeunesse et par cet amour de la science qui l'ont animé toute sa vie, fut au-devant du jeune Prony, lui offrit son amitié, ses encouragements, ses conseils ; lui ouvrit son cabinet ; et pendant très-long-temps lui donna trois fois par semaine des leçons de haute géométrie. Monge, exposant ses propres découvertes, dévoilait avec bonhomie les secrets de l'art qui l'avait fait arriver aux plus hautes vérités ; il faisait connaître les ressources variées de la science, et le moyen le plus propre pour utiliser les nouvelles théories par de grandes applications. L'architecture hydraulique (1), qui parut peu d'années après, justifia les espérances du maître, en établissant la réputation de l'élève.

---

(1) Le premier volume de cet ouvrage parut en 1790.

C'est ainsi que Monge consacrait les instants de sa vie à la recherche et au progrès des talents supérieurs et des vérités de l'ordre le plus élevé, pour rendre ces vérités et ces talents également utiles à la science et à la société.

La révolution éclata. Monge n'y vit qu'un bienfait, et il était immense : celui d'ouvrir enfin la carrière aux talents de touts les genres, quelle que fût et leur naissance et leur fortune. Cette idée entraîna Monge ; elle fit disparaître à ses yeux toute autre considération. Il aima la révolution dès son aurore, parce qu'il prévit en elle le libre essor de touts les beaux génies. Mais que celui qui fut bon par excellence ait jamais aimé les cruautés ! Que celui qui n'a vécu que pour la science, que pour les arts amis de l'homme, ait jamais aimé la destruction et le vandalisme ! Enfin que l'homme de la postérité ait aimé l'anéantissement des gloires et des renommées!...Non, là calomnie même reculerait devant l'absurdité d'une telle imputation, et pour la première fois elle rougirait de sa propre démence.

Déjà l'époque était venue où les malheurs publics appelaient dans les rangs supérieurs, touts les talents utiles et courageux, au secours de la patrie, menacée d'une imminente invasion. Monge fut créé ministre de la marine. Mais dans un moment où tant d'habiles officiers quittaient le service de l'état pour se retirer loin de la scène des combats ou pour passer à l'étranger; tandis que des lâches, qu'il faut livrer sans réserve à l'inexorable sévérité de l'histoire, restaient sous nos enseignes pour livrer en trahison à l'ennemi nos places fortes, nos ports et nos vaisseaux; à cette époque, il était impossible d'opérer de grandes choses en marine. Dans une défection aussi déplorable, Monge fit tout pour conserver à la France les hommes recommandables par leur mérite ou leur bravoure. Il jugeait Français tout ce qui avait dans l'âme du talent et de la vaillance. Il fut le bienfaiteur

et le sauveur du vicomte du Bouchage (1). Il descendit jusqu'à
la prière pour obtenir de Borda la continuation de ses services,
et il eut le bonheur de réussir (2). Mais, malgré ces généreux
efforts qui nous montrent le cœur de Monge toujours le même,
au milieu des orages et dans l'éminence des hautes places,
comme au sein de la paix et dans l'obscurité de la vie privée, il
était impossible, je le répète, de rien faire pour le progrès de
l'art et la gloire d'une arme où les succès ne sont le fruit que de
la valeur fécondée par la science et par l'expérience. Or, à cette
époque, ces deux lumières manquaient à la fois au personnel de
la marine française.

En quittant le ministère de la marine, Monge se livra sans re-
lâche à des travaux moins brillants, mais bien plus importants
que la direction d'une branche alors secondaire de la force publique. Sur tous les points de ses frontières, la France était menacée par des armées colossales. Isolée du reste du monde, et
bloquée par l'Europe entière, sans secours, sans commerce
extérieur, il fallait que la France tirât tout de son sein. Mais
alors il y avait dans les âmes une inconcevable énergie. Alors le
premier besoin des cœurs français était de former faisceau pour
rester une nation indépendante, et sans arbitre étranger qui ba-
lançât insolemment ses destinées. Douze cent mille défenseurs
appelés sous les drapeaux, bravaient la faim, la soif et la nu-
dité. Il leur fallait des armes et des munitions de guerre :

(1) Monge, en donnant au vicomte du Bouchage le grade d'inspecteur général
d'artillerie de la marine, lui a certainement sauvé la vie. Un ancien ministre n'eût
pas pu, sans cela, rester un vivant exemple de fidélité au prince qui lui avait confié
le ministère en des jours trop mémorables.

(2) Voyez l'excellente notice publiée récemment par M. Brisson, sous le titre de
Notice historique sur Gaspard Monge. (In-8°. Paris; Plancher, 1818.)

c'était le seul élément auquel la force de leurs âmes ne pût pas
suppléer pour obtenir la victoire. Alors la France appela ses
hommes de génie pour combattre avec la nature, pendant que
les volontaires, avec des piques et quelques débris d'armements,
faisaient à la patrie un rempart de leur corps. Les savants les
plus illustres quittèrent leur paisible cabinet pour s'établir dans
les ateliers et les manufactures (1). On décomposa des masses
innombrables d'alliages métalliques, pour en recomposer,
dans des proportions moins fragiles, le bronze des canons.
Les mines de fer, exploitées avec une activité nouvelle, fournirent à des fourneaux rapidement élevés, la matière première du
reste de la grosse artillerie. On manquait de salpêtre et de sou-
fre, apportés jusqu'alors (2) de l'étranger, pour la fabrication de
la poudre; on en chercha dans les entrailles de notre terre natale,
on la pressura d'une main industrieuse, et le sol de la patrie
donna bientôt à ses guerriers de quoi rendre la mort aux étrangers qui venaient, le cœur altéré de vengeance, la porter dans
nos rangs.

Monge fut l'un des hommes les plus actifs dans les immortels
travaux de la science pour le salut de l'état. Tantôt il aidait à
l'établissement d'une salpêtrerie ou d'une poudrière (3), tantôt à
celui d'une manufacture d'armes, tantôt à celui d'une fonderie,
d'une forerie, etc. Il passait les jours à donner l'instruction et le
mouvement aux ateliers, et les nuits à rédiger son traité de l'art
de fabriquer les canons, ouvrage destiné à servir de manuel aux
directeurs d'usines et aux artistes.

---

(1) Voyez, à ce sujet, l'Essai sur l'histoire des sciences pendant la révolution, par
M. Biot. (*Paris; Duprat*, 1803.)

(2) En grande partie.

(3) C'est à Monge qu'on dut la construction des nouvelles machines à broyer qu'on établit dans la poudrière de Grenelle, et des foreries établies sur des bateaux de la Seine.

·· Il serait injuste de chercher, dans toutes les parties de cet ou-vrage, la profondeur des recherches et la maturité des vues qu'on trouve dans les écrits de Monge , composés à loisir et pour la postérité. Mais cet ouvrage n'en est pas moins , par les considérations générales de sa première partie, par son ensem-ble, par le grand nombre de plans, de descriptions, de procédés qu'il contient , un livre très-utile à l'artillerie ; enfin , considéré relativement à l'époque où il parut, c'est un monument des ef-forts généreux de la science pour la défense nationale.

Tandis que Monge et les autres savants , ses illustres émules, prodiguaient ainsi leurs veilles et leurs talents, pour fournir à l'état les matériaux d'une défense immortelle , l'ignorance éten-dait ses voiles de ténèbres sur le sol désolé de la France. Toutes les écoles religieuses, civiles et militaires étaient détruites; leurs professeurs dispersés et persécutés, ou déjà tombés sous la hache des échafauds ; et cette patrie , qui naguère semblait être le tem-ple où la sagesse et les lumières brillaient dans leur éclat majes-tueux , était devenue comme un antre de sauvages qui se dévo-rent entre eux, et sacrifient des victimes humaines au dieu de leur barbarie. Le génie de la destruction recula devant ces effrayants ravages ; après avoir foulé aux pieds les palmes de la science , il pleura sur la perte de leurs fruits; et, vers le soir du jour horrible des dévastations , il sentit , comme l'imprévoyant Caraïbe , le besoin de la couche dont il s'était défait le matin.

Une idée grande et réparatrice fut conçue et réalisée avec la rapidité de la toute-puissance. Douze cents individus, les moins étrangers à la culture des sciences et des lettres, ou les plus aptes à les cultiver, appelés de touts les points de la France , furent réunis à Paris pour recevoir les restes du feu divin, et le rallu-mer dans les sanctuaires consacrés à la formation de la jeunesse. Parmi les hommes célèbres qui, malgré l'éminence de leur

gloire, étaient, comme par miracle, échappés·à la main des
bourreaux, on choisit les plus illustres. Il se trouva que ce dernier débris de notre grandeur philosophique était encore plus
grand qu'aucun corps académique formé, sous les auspices de
la paix, dans les plus brillantes contrées de l'Europe. Ces hommes supérieurs n'enseignèrent pas simplement l'ensemble des
vérités qu'il s'agissait de rendre à la société par l'instruction publique. Ils enseignèrent la science même de l'enseignement.
Parmi les nombreuses méthodes qui conduisent au même but,
il en est de plus ou moins rapides, de plus ou moins simples, de
plus ou moins fécondes et lumineuses. Quel choix doit-on faire
entre elles? Quelle gradation doit-on mettre dans l'exposition des
principes, et le développement, l'enchaînement des conséquences?
Quelles difficultés convient-il d'approfondir et de résoudre dès les
premiers pas? Et quelles autres convient-il de confier à l'avenir
pour attendre, suivant l'ingénieux conseil d'un célèbre géomètre, que la foi nous vienne en allant toujours en avant? Telles
ont été les questions que se sont faites les professeurs de l'école
normale, et qu'ils ont résolues, non moins par des exemples con-
tinuels que par de sages et vastes préceptes, avec une supériorité
qu'on ne pouvait attendre que de leur génie.

Les leçons où cette marche si nouvelle était développée, re-
cueillies par des sténographes, répandues aussitôt après avec
profusion·sur tous les points de la France, allaient apprendre,
dans les recoins les plus obscurs, aux hommes nés pour reculer
les bornes de l'esprit humain, les secrets du grand art de marcher dans cette carrière. Ainsi le bienfait d'une seule école, sortant tout à coup d'une étroite enceinte, se répandait comme un
fluide électrique dans tous les membres d'un corps paralysé,
pour le rendre par une force magique au mouvement et à la vie.

Les mathématiques furent partagées entre Monge, Laplace et

Lagrange; ces deux derniers se réservèrent les sciences de la géométrie élémentaire, du calcul et de l'astronomie; Monge eut pour lui la géométrie descriptive. Ce fut alors que parurent pour la première fois ses leçons de cette géométrie, chef-d'œuvre de clarté, de facilité, de méthode et de profondeur, où des applications aux arts, aussi neuves que piquantes, réveillent à chaque instant l'attention, et doublent l'intérêt déjà si grand du sujet.

Dans l'introduction de son cours à l'école normale, Monge a développé les plus grandes vues sur les avantages que la nouvelle géométrie pouvait apporter aux travaux de la société. Pour bien juger de ces avantages, il faut nous reporter par la pensée à l'état d'enfance où l'industrie française se trouvait encore à cette époque; et, pour accorder un juste tribut de reconnaissance aux savants qui, par leurs travaux, ont changé la face de nos arts, il faut penser qu'à peine est-il un seul de ces arts qu'ils n'aient amélioré dans quelque partie; qu'enfin ils en ont créé une foule de nouveaux, pour suffire aux besoins toujours croissants, et sans cesse ajouter aux jouissances plus exigeantes de la société.

Afin de hâter les progrès de l'industrie, Monge voulait qu'on dirigeât l'éducation nationale vers les connaissances qui forment l'esprit à la rectitude, en même temps qu'elles donnent aux organes le sentiment de chaque espèce de grandeurs et de leur mesure. On rendrait ainsi la raison de tout un peuple plus solide, et ses moyens physiques plus parfaits, plus délicats, plus variés et plus puissants. On donnerait au bon goût les bases les plus sûres; un jugement rectifié et des sens exercés. Alors la grande majorité des hommes, devenue plus sensible à la précision des formes et aux lois de leur harmonie, exigerait des artistes qu'ils visassent de plus en plus à la sagesse des conceptions, et à cette supériorité d'exécution, dont les sciences aplanissent le chemin à leur esprit et à leur dextérité. Or, la géométrie nouvelle, par ses considérations

lectuelles et par ses opérations graphiques, est éminemment
re à fortifier la raison et à perfectionner les sens. Monge
ait qu'on appliquât cette géométrie à la description générale
machines , pour réduire ainsi qu'il en avait l'idée, touts les
ens de transmettre de la force et du mouvement, à des élé-
s parfaitement connus, classés et disponibles comme les
uments de l'atelier bien ordonné d'un excellent artiste. Il
ait enfin qu'on répandît par touts les moyens possibles , et
a rendît presque vulgaires à force de les populariser, la des-
ion et l'interprétation d'une foule de phénomènes de la na-
qui par leur action, peuvent avoir une influence plus ou
s grande sur les travaux de notre industrie. On va voir ces
supérieures, jetées en avant dès les premières leçons de
e normale, reproduites avec un succès plus durable dans
tution de l'école polytechnique.

école normale, qui, dans le principe, devait être un établis-
nt perpétuel, et la pépinière habituelle du professorat fran-
finit avant que ses illustres professeurs eussent achevé leurs
iers cours. Il sembla qu'un tel édifice fût trop élevé, trop au-
s des bases affaissées de l'enseignement général pour se sou-
de lui-même, et contre les tourmentes révolutionnaires, au
i de hauteur qu'on avait voulu lui faire atteindre. Cependant
moins à ces causes qu'à la misérable vanité d'un représen-
du peuple , qu'une aussi belle institution dut sa chute pré-
rée.

a autre établissement qui précéda l'école normale, dans l'or-
es conceptions ; mais qui, mûri plus long-temps par ses
rs, la suivit dans l'ordre de l'exécution, l'école polytech-
, vint réaliser une partie des grandes espérances conçues
ment sur le fruit des leçons orales de la première école en-
pédique qu'on ait ouverte dans l'Europe.

Les services des travaux publics, civils, militaires et maritimes étaient complétement désorganisés par l'émigration, par les décimations du terrorisme, et par l'expulsion d'un grand nombre d'hommes qui réunissaient le talent à l'expérience. Enfin, au milieu du danger, la voix impérieuse du besoin se fit entendre ; elle fut plus forte que la haine de l'ignorance et de l'ineptie contre l'inégalité des talents et des lumières.

A peine le 9 thermidor, en amenant la chute d'un tyran sans grandeur et sans génie, eut-il enlevé la force persécutrice aux niveleurs et aux dévastateurs, que des hommes énergiques portèrent leurs regards sur les débris de nos institutions utiles, et songèrent à les relever sur un plan plus vaste et d'un ensemble mieux combiné. Ainsi, quand l'incendie ou les tremblements de terre ont fait tomber les édifices d'une ancienne cité; tirant du malheur même un triste mais utile secours, les habitants rebâtissent à la fois les maisons, les temples, les palais, et leur impriment le caractère d'une plus sage et plus noble architecture.

Il y avait, à l'époque dont nous parlons, dans les pouvoirs qui composaient le gouvernement, des hommes qui sentaient le besoin des lumières, et qui avaient de grandes vues sur les moyens d'en rendre le bienfait à la France. Carnot, Fourcroy, Prieur de la Côte-d'Or, Grégoire, Chénier, etc., et quelques autres ont rendu dans ce genre des services si importants, que l'instruction de la génération qui fait aujourd'hui la force de la France, est le fruit de leurs travaux réparateurs. L'idée des écoles centrales établies dans tous les chefs-lieux des départements, était vraiment digne d'un peuple régi par un gouvernement représentatif; elle eût mérité d'être conservée pour des temps meilleurs et plus paisibles, qui en eussent mieux fait connaître et goûter les bienfaits (1). Les mêmes hommes qui créèrent ces écoles, conçurent et réalisèrent aussi l'idée d'une école centrale des travaux publics (2), qui deviendrait la pépinière des officiers de tous les corps dirigeant ces travaux. Pour féconder cette grande et belle idée, ils appelèrent à leur aide les Monge, les Berthollet, les Guyton de Morveau. Monge apporta les résultats de la longue expérience de Mézières; il y joignit ses vues profondes et neuves; il créa le plan des études, indiqua leur filiation, et proposa les moyens scientifiques d'exécution. Avec ces données, les dépositaires du pouvoir élevèrent l'édifice de la loi qui créa l'école polytechnique sur des bases qui ne pouvaient convenir qu'à des temps où l'on regardait comme un principe, et comme une sagesse, de briser les anciennes entraves, et de fouler aux pieds les vieilles difficultés. Par cet accord trop rare de l'audace dans

---

(1) M. Lacroix, dans ses Essais sur l'enseignement, a développé, avec beaucoup de profondeur, les avantages que présentait l'instruction donnée par les écoles centrales. Il a fait voir combien cette instruction était en harmonie avec le progrès général des lumières, et les besoins de la société du côté des connaissances positives. Les Essais sur l'enseignement, écrits partout avec élégance, et dans beaucoup d'endroits avec force, sont au petit nombre des ouvrages à la fois faits pour plaire et pour instruire, et qui sont à la portée de la plupart des lecteurs. Cet ouvrage présente, sur l'école normale et sur l'école polytechnique, des observations d'autant plus précieuses que l'auteur était, dès l'origine, adjoint aux professeurs de ces deux grandes institutions. Nous entrons dans tous ces détails pour engager les hommes qui désirent se former des idées justes relativement au système de nos écoles nationales, à méditer sur les faits, les raisons et les vues présentées dans les Essais sur l'enseignement. Jamais semblables études ne furent plus nécessaires qu'en cet instant où l'instruction publique, sapée dans ses fondements par le régime impérial, loin d'être consolidée, s'écroule chaque jour dans les parties les plus élevées de l'édifice.

(2) Quelques personnes ont pensé que Monge était l'unique auteur de la création de l'école polytechnique; d'autres ont revendiqué cet honneur pour M. Prieur (de la Côte-d'Or); un anonyme l'a réclamé collectivement pour lui-même, pour Monge et pour Berthollet. L'opinion que nous émettons à ce sujet est le fruit de nos enquêtes auprès des hommes qui, à cette époque, influèrent sur les travaux des sciences

l'exécution, avec la maturité dans la conception, d'une époque où l'on n'attendait guère que des subversions nouvelles, sortit tout-à-coup un ouvrage qui fut grand et parfait dès sa naissance.

Conformément aux vues des fondateurs de l'école centrale des travaux publics, qui depuis reçut le nom d'école polytechnique, les aspirants aux corps de l'artillerie, du génie militaire et du génie maritime, des ponts et chaussées, des mines et des géographes des armées, durent touts puiser la base de leurs connaissances théoriques dans cette source fraternelle.

En recevant la même instruction, des mêmes maîtres et dans la même école, les officiers de toutes les professions savantes crurent appartenir, par leurs corps respectifs, aux simples sections d'un corps unique, chargé de l'ensemble des travaux publics. On vit se former entre eux ces amitiés de la jeunesse, si

---

et des arts. Néanmoins, pour qu'on ne nous prête pas l'intention de ravir à quelqu'un le juste tribut de reconnaissance qu'on lui doit pour des services importants, nous allons transcrire ici ce que le conseil même de l'école polytechnique, chargé de la rédaction du journal de cette école, a cru devoir dire dans son IVe. cahier, à une époque où toutes les parties intéressées vivaient encore.

« Il est juste de rappeler aussi ce qui est dû au zèle actif et éclairé du représen-
» tant du peuple Prieur (de la Côte-d'Or). Le plan de l'école fut jeté pendant qu'il
» était membre du comité de salut public; et, spécialement chargé de la partie rela-
» tive aux arts qui tiennent de plus près aux divers services publics, il a contribué
» au travail de législation et de gouvernement, nécessaire pour lui donner la pre-
» mière existence. L'exécution d'une entreprise aussi vaste exigeait chaque jour des
» mesures nouvelles pour préparer et rassembler les moyens d'en atteindre le but,
» pour vaincre touts les obstacles; il en fut chargé par les trois comités de salut pu-
» blic, d'instruction publique et des travaux publics. Enfin, le gouvernement con-
» stitutionnel ayant amené la cessation des pouvoirs des comités, le conseil de l'école
» invita le citoyen Prieur à continuer d'assister à ses séances et de coopérer à ses
» travaux : de sorte que, depuis la création de cet établissement à laquelle il a eu
» *tant de part*, il n'a cessé jusqu'à ce moment de s'occuper des moyens de la porter à
» sa perfection. » (*Journal de l'École polytechnique; 4e. cahier; préface, pages v*
et vi.)

vives, si douces, et les seules qui deviennent plus durables et plus profondes, avec la maturité et malgré la froideur de l'âge. On étouffa, dès le berceau, les rivalités, les jalousies et les haines de corps; envenimées, jadis, en grandissant avec l'orgueil et l'égoïsme de ceux qui suçaient ces poisons, dans le lait des études exclusives et solitaires. Chacun vit qu'il y avait dans les corps pour lesquels il n'était pas destiné, aussi-bien que dans celui qu'il allait choisir, des principes, des faits, des raisonnements enchaînés par la théorie, et fondés sur une expérience éclairée; des obstacles à vaincre, des applications à créer, et des découvertes à faire. Ainsi, l'estime que l'on conçoit pour les choses dont on connaît les difficultés et le mérite, vint remplacer l'imbécille et dédaigneuse ignorance de cet amour-propre qui, renfermé dans son étroite sphère, y pense voir les bornes de l'esprit humain, et se croit supérieur à touts ceux qui cultivent les autres domaines des arts et de la science.

Combien de fois, par-delà les frontières de la France, aux extrémités d'un empire qui s'étendait de l'Italie à la Hollande, et du Portugal aux îles Ioniennes, jetés, dispersés loin de la terre natale, mais rapprochés par le lien de notre éducation polytechnique; combien de fois sur des rivages où tout nous était étranger, ne nous sommes-nous pas retrouvés et réunis avec un inexprimable bonheur! Quel doux et noble plaisir c'était pour nous, de nous aider mutuellement dans notre service public, dans nos besoins particuliers, et de charmer les ennuis de notre absence du sol français, en rappelant les souvenirs de nos études, de nos jeux, de nos premiers succès! Époque fortunée, aurore de la virilité, qui te levais sur nous comme la messagère d'un beau jour du printemps! les peines, les traverses d'une existence orageuse, embellissent et rajeunissent tes souvenirs, en dépit des années, par les déceptions mêmes des époques qui t'ont suivie ! Mais alors avec quel enthousiasme, dans nos réunions où régnait l'abandon et la franchise, n'unissions-nous pas nos vœux, nos transports, nos acclamations, pour célébrer et la gloire de la patrie toute entière, et les triomphes militaires de quelque ancien camarade qui venait de signaler sa valeur ou son génie au milieu de nos victoires ; pour célébrer les triomphes plus doux, mais non moins beaux, de quelque ingénieur qui venait d'exécuter un de ces grands travaux entrepris de toutes parts, aux jours de nos prospérités ; enfin pour célébrer les découvertes que d'anciens émules venaient de faire dans la carrière des sciences, si largement ouverte aux beaux talents par l'école polytechnique !.... Souvenirs pleins de douceur, effets heureux d'une grande et sage institution, il faut vous quitter malgré votre charme, pour revenir à l'exposition des pensées par lesquelles les fondateurs de cette école l'ont portée, dès sa naissance, au plus haut point de sa splendeur.

On ne voulut pas se borner aux éléments des sciences enseignées jusqu'alors, d'une manière plus ou moins incomplète, aux officiers des divers services publics. On résolut d'élever l'instruction à un degré bien plus grand de généralité et de profondeur. On rejeta même l'enseignement des premiers éléments de la science. On exigea, des candidats à l'école polytechnique, qu'ils possédassent un ensemble de connaissances mathématiques plus étendu que celui qu'on embrassait, auparavant, dans les écoles qui complétaient l'instruction des artilleurs et des ingénieurs (1).

Cette disposition eut un très-grand avantage. Pour s'assurer des connaissances préliminaires des candidats, il fallait les exa-

---

(1) Il fallut savoir les éléments d'arithmétique, d'algèbre, de géométrie, de trigonométrie, d'analyse appliquée à la géométrie et de statique.

miner et les classer d'après leur examen public, confié à des hommes d'une intégrité égalée seulement par leur sagacité et leur profond savoir (1).

Les éléments des mathématiques sont, sans contredit, de toutes les sciences celles qui exercent le plus les facultés intellectuelles, et qui en donnent le mieux la mesure (2). En ne recevant que des jeunes gens déjà forts sur ces éléments, on fut donc sûr de n'avoir que des élèves doués d'une intelligence, ou tout au moins d'une patience et d'une mémoire supérieure à l'étendue ordinaire des capacités humaines. En même temps, un libre concours où ne fut d'aucun poids ni la fortune, ni le rang, ni la naissance des candidats, devint le plus noble des encouragements offerts à la jeunesse studieuse. Une émulation incroyable s'établit dans les pensions régénérées, dans les écoles renaissantes de Paris et des provinces. Elles formèrent chaque année pour l'école polytechnique, beaucoup plus de candidats qu'il ne pouvait y avoir d'élèves admis. Les concurrents rejetés, ou passèrent dans les rangs ordinaires de l'armée et de la marine, pour y prendre un nouvel essor; ou refluèrent dans la société, et portèrent dans les diverses professions qu'ils embrassèrent, la justesse d'esprit et la force d'intelligence que des études mathématiques, même

---

(1) Aujourd'hui, l'intégrité des examinateurs est sans doute à l'abri de tout reproche ; mais il paraît que le mode adopté pour la comparaison du mérite des candidats est devenu très-vicieux ; ce mode et conduit au classement le plus inique, en même temps qu'il est le plus désavantageux pour l'école.

(2) Rousseau, qui, dans son Émile, apprécie avec tant de profondeur les moyens de donner des idées justes à son élève, et d'en exercer la sagacité, s'exprime ainsi, liv. III : *Ses progrès dans la géométrie vous pourraient servir d'épreuve et de mesure certaine pour le développement de son intelligence.* C'est cette épreuve et cette mesure certaine qu'ont cherchées et qu'ont trouvées les créateurs de l'école polytechnique.

à demi fructueuses, donnent pourtant encore à ceux qui les ont faites avec persévérance.

On ne saurait trop admirer le plan d'instruction de l'école polytechnique, tel qu'il fut conçu par les créateurs au milieu desquels Monge s'élève au premier rang. Qu'on songe à ce que devaient être la physique et la chimie, dans leur généralité et dans leurs applications aux arts, professées sous ces divers points de vue par les Berthollet, les Chaptal, les Vauquelin et les Fourcroy; la haute algèbre, l'analyse infinitésimale, et leurs applications à la géométrie et à la méchanique, la géométrie descriptive et ses applications aux arts, professées par les Monge, les Lagrange, les Prony, les Fourier, etc.; enfin, chaque année, les connaissances acquises par les élèves, soumises au sévère examen des Laplace et des Legendre!

L'école polytechnique fut grande dès sa naissance; d'un côté, parce que sa conception était aussi sage que profonde et hardie; de l'autre, parce que la vie fut donnée à cette conception par des hommes illustres dans presque tous les genres. Voulez-vous faire de grandes choses, avec la nature inerte comme avec la nature intelligente, remettez l'exécution de vos desseins entre les mains des hommes supérieurs, et ces mains vont produire des résultats qui surpasseront votre attente (1). Or, voilà ce qu'on a fait dans toutes les créations scientifiques de la révolution; et voilà, il faut le dire sans crainte et sans détour, voilà ce qui les a sauvées de la destruction, ou du moins de l'oubli et de l'obscurité.

Ce qu'il y avait de plus difficile, lors de la fondation de l'école

(1) De grands hommes, avec de mauvaises institutions, y feraient encore des choses extraordinaires. Qu'on juge donc de ce que doivent faire de tels hommes secondés, que dis-je? élevés au-dessus d'eux-mêmes par les institutions!

polytechnique, c'était d'imprimer le premier mouvement à l'instruction général, et d'établir une gradation de connaissances qui rendît facile leur transmission des maîtres aux élèves. Il fallait d'abord instruire assez les chefs des brigades dont se compose chaque promotion, pour qu'ils pussent servir d'intermédiaires entre les professeurs et la masse de leurs disciples; expliquer à ceux-ci ce qu'ils auraient imparfaitement compris; lever leurs difficultés, et souvent empêcher les esprits tardifs de s'arrêter court dans une route où chacun devait marcher à pas de géant, pour ne pas rester en arrière du mouvement général.

Sur quatre cents jeunes gens, appelés dès l'origine à faire partie de l'école polytechnique, les cinquante plus instruits furent choisis par voie d'examen, et réunis dans une école préparatoire. Ce fut Monge qui les forma presque seul; restant le jour entier au milieu d'eux, leur donnant tour à tour des leçons de géométrie et d'analyse; leur expliquant les épures de géométrie descriptive et d'applications; les exhortant, les encourageant, les enflammant par cette ardeur, cette bienveillance, cette impétuosité de génie qui le faisait, en faveur de ses élèves, saisir, déployer, exalter les vérités de la science avec une force et un charme irrésistibles. Le soir, quand les travaux étaient finis, quand cette jeunesse passionnée et vigoureuse succombait malgré son ardeur aux fatigues de la journée, et cherchait dans le repos des forces réparatrices, Monge veillait encore et commençait un autre ordre de travaux. Le moment du silence amenait celui du recueillement et de la méditation; il écrivait alors les feuilles d'analyse qui devaient servir de texte à ses leçons prochaines, en revoyait les épreuves à mesure de l'impression, se permettait à peine un repos de quelques heures, et le lendemain se trouvait avec ses élèves au premier moment de leur réunion matinale.

Presque touts les élèves de l'école préparatoire ainsi formés, stimulés, lancés par Monge, dans une immense carrière, sont devenus des hommes d'une haute réputation, acquise par les effets du talent et du travail. Biot, Malus, Poinsot, Lancret, Brisson, le général Berge, et vingt autres que la mort n'a pas enlevés encore, ont atteint les premiers rangs dans la hiérarchie des sciences et des travaux publics.

A de tels néophytes, sous les auspices d'un tel maître, quatre mois suffirent pour acquérir l'instruction d'une année, et parvenir au rang intermédiaire qu'ils devaient occuper entre les instituteurs et les élèves ordinaires. Alors l'école polytechnique fut ouverte.

Le caractère spécial des études de l'école polytechnique, c'est qu'elles sont à la fois pratiques et théoriques ; c'est qu'elles apprennent aux élèves à faire eux-mêmes tout ce qu'on leur enseigne les moyens de faire.

Leur explique-t-on les principes de la chimie, science depuis peu sortie du chaos pour donner à tant d'arts utiles une face nouvelle, on les mène l'instant d'après dans des laboratoires, où ils répètent eux-mêmes les principales expériences ; et, par là, sortent de la sphère des conceptions abstraites pour arriver au dernier terme de la réalité et de l'utilité.

La géométrie descriptive leur indique-t-elle les moyens de représenter les corps, les élèves en représentent en effet sur le papier les formes primordiales, et les constructions mathématiques qu'il convient d'exécuter sur ces corps. Parle-t-on aux élèves, de charpente, de coupe des pierres, de perspective, de théorie des ombres et de la lumière, ils font en même temps des tracés rigoureux, des dessins au trait, hachés, lavés, qui se rapportent à chacune de ces parties. Enfin, le dessin de la figure et du paysage leur donne des leçons de goût, et forme leur œil à la mesure comparative des distances, des courbures, des angles, des dégradations de teinte et de grandeur, etc.

Des cours spéciaux d'art militaire, d'architecture civile, de constructions des ponts et chaussées, de travaux des mines et d'opérations géodésiques, donnaient aux élèves destinés à chaque service en particulier, une connaissance générale des principes, des données et des moyens qui font la base des autres services. Toutes les méthodes graphiques de ces travaux divers sont liées par le fil de la géométrie descriptive. On étend, on généralise ainsi les idées des ingénieurs de chaque corps en particulier; on leur parle une langue commune, et chacun des élèves s'enrichit des idées et des méthodes qui, jadis, étaient spécialement réservées aux divers corps dont il n'est pas appelé à faire partie.

Une expérience de vingt-cinq ans a montré la grandeur de cette vue et son éminente utilité. Dans les jours de notre gloire, les ingénieurs militaires et maritimes, appelés sur le théâtre de nos exploits, ont souvent dû diriger les travaux des ponts et chaussées, des mines et des opérations géographiques; les géographes et les ingénieurs de vaisseaux, envoyés aux armées continentales, y ont fait maintes fois l'office d'artilleurs et d'ingénieurs militaires.

Lors de la création de la flottille qui ne semble plus avoir été qu'un vain simulacre, aujourd'hui que le danger de l'Angleterre est passé, mais qui pendant trois ans entiers fit trembler cette puissance, il fallait, sur cent points divers, placer des ingénieurs de vaisseaux pour diriger les constructions navales qui allaient s'élever, comme par enchantement, sur tous les points de nos côtes et sur toutes les rives de nos fleuves. Dans cette circonstance importante, on donne à l'école polytechnique une instruction rapide à ce sujet; trente élèves sont formés en six semaines ; ils partent, et suppléent, par leur intelligence et leur instruction supérieures, à ce qui leur manque du côté de l'expérience.

Enfin , quand est venu l'instant fatal de nos revers , et qu'au lieu d'aller chercher la victoire au-dehors , il a fallu combattre au-dedans pour notre propre indépendance , tout ingénieur civil ou maritime a pris rang avec les ingénieurs des fortifications ; et , grâce aux leçons générales de l'école polytechnique, il a suffi de nous confier des plans d'ouvrages , pour qu'ils fussent à l'instant compris , calculés , tracés sur le terrain , et suivis avec efficacité jusqu'à leur parfait achèvement.

Mais, au sein même de la paix , il est des bienfaits non moins importants , et surtout plus durables , qui doivent naître de cette communication de lumières entre touts les officiers chargés de diriger les travaux publics.

Aujourd'hui que nous avons le bonheur de vivre sous l'empire de lois nationales, librement votées et discutées par les représentants du peuple entier; aujourd'hui que l'esprit de sagesse et l'esprit de liberté, rapprochés par la leçon du malheur, marchent enfin sur les mêmes errements, la vérité doit se montrer sans nuages, et déposer, en faveur du bien public, les voiles qui la couvraient en faveur du despotisme. Il ne faut plus qu'aucun corps de l'état rende impénétrable au reste de la société le secret de ses moyens d'opérer. Il faut que les membres de ces corps, s'ils sont appelés quelque jour à siéger dans les conseils du prince ou dans les conseils de la nation, y portent des vues générales, non-seulement sur la partie objet spécial des travaux de leur profession , mais sur le vaste ensemble des travaux qui se rapportent au bien public.

Alors on verra ces travaux, coordonnés avec sagesse , tendre de concert vers le même but ; s'éclairer, s'aider mutuellement ;

Revenons au promoteur des grandes idées qui ont élevé si haut cette institution. Si Monge ne put pas empêcher qu'on portât l'un des coups les plus funestes à l'école polytechnique, par son casernement et sa police militaire, il fit du moins tout ce qu'il était en lui de faire pour diminuer le mal de cette mesure désastreuse. Depuis son retour d'Égypte, ayant cessé lui-même de connaître le besoin, il donna constamment son traitement de professeur et ensuite sa pension de retraite, pour aider à payer la dépense des élèves les moins fortunés. Par ce noble et touchant sacrifice, il fit voir que ses vertus n'étaient pas seulement dans la beauté de son imagination et dans la justesse de son esprit, mais dans la bonté de son cœur.

La bonté de Monge n'était en lui ni le calcul du sage, ni même l'effet de l'éducation ; c'était une bienveillance naïve qu'il devait à son heureuse organisation. Monge était né pour aimer et pour admirer ; il fut excessif dans son admiration comme dans son amour; par là peut-être il ne resta pas toujours dans les limites où l'aurait arrêté l'impassible et froide raison. Mais s'il avait erré quelquefois, c'est de lui surtout qu'on pourrait et qu'il faudrait dire : « *comme il a beaucoup aimé, il lui sera beaucoup pardonné.* » Monge aimait avec passion les sciences, les arts, la jeunesse et la patrie. Il fut trop séduit par l'éclat des victoires, parce qu'il fut un temps où nos victoires étant toutes nationales, la patrie en profitait et s'en enorgueillissait. Comme il était le père des élèves au sein des écoles, tel il était au sein des camps le père du soldat. En ces temps de désastres où nos armées vaincues par la rigueur d'un climat destructeur, revenaient par rares débris sur le sol désolé de la patrie (1); lorsque déjà l'égoïsme épouvanté calculait sur les chances indivi-

(1) En 1813.

Pagination incorrecte — date incorrecte

duelles , afin d'échapper aux sacrifices de touts pour le salut général , on vit encore de grands et nobles exemples de dévoue-
ment pour la patrie. Monge, nommé commissaire du gouvernement dans sa sénatorerie (1), voit arriver la division Macdo-
nald, dépourvue d'effets et n'ayant rien pour sa solde ; il s'em-
presse de prodiguer les sommes que le trésor venait de lui res-
tituer pour des dépenses qu'il avait déjà faites en faveur du
bien public, et le soldat peut satisfaire aux besoins de la vie et
réparer ses forces épuisées. Quinze ans auparavant, dans les
déserts qui séparent l'Afrique et l'Asie (2), en des circonstances
où les privations semblaient arracher à l'homme jusqu'aux derniers germes de la sympathie , le cœur de Monge était toujours
prêt à consoler , à encourager, à exalter ses compagnons d'in-
fortune : aussi, malgré les souffrances horribles de la faim , de
la soif et de la peste, le soldat aigri par tant de maux, tout en
l'accusant d'être l'instigateur d'une fatale expédition (3), lui ren-
dait encore justice ; et tout en jurant énergiquement contre le
vieux savant, chacun aurait versé son sang pour lui, parce
qu'il était à tout instant la bonté même pour touts. Ah! que ces
détails ne révoltent pas notre superbe délicatesse ; je veux faire
connaître dans sa simplicité, le cœur aimant d'un homme illustre, et j'aime cent fois mieux faire condamner mon goût , que de
diminuer sa gloire, en l'ornant avec des couleurs étudiées, mais
froides et tombantes comme le fard dont s'enlaidit la beauté.

Dans touts les moments que Monge n'employait pas à rendre
des services à la jeunesse studieuse , à l'âge mûr et distingué par
des titres acquis, enfin aux institutions utiles à la patrie, il consacrait à la science ce qu'il regardait comme ses loisirs. L'instant

(1) La sénatorerie de Liége.
(2) Invasion de la Syrie par l'armée d'Orient.
(3) L'expédition d'Égypte.

où il cessait d'agir pour être utile, était celui où il recommençait à méditer sur les vérités mathématiques et sur les phénomènes de la nature. Le long séjour qu'il fit à l'école de Mézières tourna vers des objets pratiques, ses méditations d'abord abstraites. Il transporta dans les arts la profondeur, l'étendue, la finesse de ses conceptions et de ses jugements; et il chérit touts les arts avec passion. Il aimait surtout à se former une idée de leurs difficultés. Quand il reconnaissait, dans un travail obscur et simple aux yeux du vulgaire, le type de l'intelligence, de la force ou de la persévérance qu'il avait fallu mettre pour vaincre ces difficultés, on le voyait, plein d'exaltation, s'écrier avec entraînement: Que cela est beau! Que cela est grand! Que cela est ingénieux! Ce n'était qu'après une telle explosion qu'il revenait à des expressions plus mesurées, et qu'en développant toutes ses pensées sur des sujets qui attiraient à peine le regard des hommes ordinaires, il communiquait enfin à ses auditeurs l'enthousiasme qui l'avait transporté. L'habitude qu'il avait de suivre avec intérêt les procédés d'une foule d'arts utiles, et d'étudier en même temps les moindres phénomènes de la nature, faisait qu'il était presque toujours en observation, lorsqu'il voyageait, lorsqu'il se promenait, lorsqu'il passait dans les rues et sur les places publiques. Les effets en apparence les plus indifférents des forces humaines, dont ces lieux sont le théâtre; les travaux divers que les mêmes lieux présentent à chaque instant du jour; le simple aspect des édifices, des magasins, des ateliers; l'action muette de la nature au milieu de ces scènes de vie; les effets de température, l'état de l'atmosphère, les jeux variés de la lumière et des ombres: il semblait que touts ces objets frappassent à la fois l'imagination de Monge; ils y laissaient des traces profondes et le germe de recherches importantes (1).

(1) Voilà pourquoi nul homme n'a professé la physique d'une manière plus neuve

Cette activité prodigieuse de l'âme, des sens et du corps, qui le faisait passer tour à tour de la contemplation mentale à l'observation des objets et à l'action, lui donna l'art d'appliquer les vérités abstraites de la science, non-seulement aux phénomènes de la nature, mais surtout aux besoins et même aux plus nobles plaisirs de la société. On a vu ce qu'il a fait pour l'école du génie militaire, pour l'école normale, et pour l'école polytechnique. Il faut le suivre maintenant dans l'Italie et dans l'Égypte; il faut le voir, recueillant en conservateur éclairé les trésors des beaux-arts; présidant ensuite à la recherche des connaissances de la plus haute antiquité dont l'homme ait reçu la tradition : enfin, fécondant par ses avis, ses encouragements, et son active obligeance, l'exécution d'un monument que le génie français sut élever au génie des siècles qui précédèrent les siècles héroïques.

Par les victoires de Montenotte, de Lodi, d'Arcole et de Rivoli, l'Italie délivrée du joug autrichien, voyait flotter enfin sur ses villes majestueuses les drapeaux glorieux de la France. Alors, au lieu d'anticiper sur la ruine des peuples par des tributs qui non-seulement tarissent la source de leur richesse présente, mais portent un coup funeste à la fortune des générations à venir, la France ne créa point de dettes à l'Italie. Elle regarda comme le plus précieux, le plus noble des tributs, la concession solennelle de quelques-uns des chefs-d'œuvre de la Grèce, de Rome antique et de la moderne Ausonie. Cette concession fut faite, à la face de l'Europe, en des traités signés et jurés par le père, le conservateur et le défenseur de la foi chrétienne; en des traités que, vingt ans après l'Europe entière reconnut expres-

---

et plus piquante, plus tournée vers touts les objets qui sont journellement sous nos yeux, sans que les phénomènes qu'ils présentent et leurs causes cachées, frappent l'œil du spectateur ordinaire.

sément; qu'elle confirma dans leurs dispositions inviolables; et qu'un an plus tard elle a violés, au nom des saintes alliances et de l'amitié de l'Europe pour le peuple français (1)!...

Détournons nos regards de ces honteuses exactions faites par la force et la mauvaise foi, sur la confiance et le malheur. Revenons aux travaux du génie, et suivons les chefs-d'œuvre, de la patrie des Michel Ange, des Carrache et des Raphaël, dans la patrie des Pujet, des Lesueur et des Poussin.

Il ne sera pas sans intérêt de voir quels secours les beaux-arts (2) ont tirés des arts méchaniques, sous la savante direction des Monge et des Berthollet, pour opérer sans dangers un voyage aussi long que difficile, et pour rendre à leur beauté, à leur fraîcheur premières, des monumens que le temps menaçait déjà d'une imminente destruction, dans les lieux mêmes qui les avaient vus naître. Le récit, peut-être un peu trop technique de ces moyens, s'ennoblira par la pensée que ces détails sont faits pour nous justifier aux yeux de l'Europe entière, sur l'injuste imputation d'avoir été les Vandales de la moderne Italie.

C'était une entreprise aventureuse et pleine de difficultés, que

---

(1) Sans doute, à côté des objets accordés par le traité de Tolentino, d'autres furent conquis par nos armes. Mais c'est en ennemis, c'est au nom de la victoire que nous les avons acquis, et non pas sous le masque hypocrite d'une amitié fallacieuse. Voilà ce que l'histoire ne doit pas craindre de faire entendre aux puissances qui croyaient pouvoir impunément fouler aux pieds les pactes les plus sacrés; et qui, dans le moment même de leurs spoliations, osaient dégrader leur caractère, au nom de la morale des nations, morale que ces puissances prêchaient au peuple français avec des canons braqués sur le palais du roi leur allié!

(2) On doit les plus grands éloges au sculpteur Moitte, et au peintre Barthélemy, membres de la commission des arts d'Italie, pour les moyens qu'ils ont su faire mettre en œuvre, et dont nous allons tâcher de donner une idée. L'un et l'autre ont déjà terminé leur carrière, et nous ne pouvons plus rendre cet hommage qu'à leur mémoire

de faire à des groupes tels que le Laocoon et l'Apollon du Belvé-
dère, un entourage dont l'extérieur fût à l'épreuve des chocs et
des secousses d'une route longue et difficile; et dont l'intérieur
offrît pourtant un si juste mélange de solidité, de mollesse et
d'élasticité, que l'effet brusque des plus rudes mouvements se
trouvât anéanti, avant que leur action irrégulière et brisante pût
se transmettre à la moindre partie de ces groupes, aussi hardis
dans leur coupe que fragiles par leur matière, et par cette har-
diesse même de leurs formes.

Le transport des tableaux offrait des difficultés d'un autre
genre. La plupart étaient peints sur toile : il fallait donc déten-
dre des surfaces immenses et qui avaient déjà perdu beaucoup
de la force de leur tissu; les rouler sur des cylindres, avec un soin
si parfait qu'on ne fît en elles aucune déchirure, aucun pli : de
manière enfin qu'on ne levât pas la moindre écaille, et qu'on ne
formât pas la moindre gerçure , dans la couche peu extensible
d'une peinture extraordinairement desséchée par les siècles et
par les chaleurs d'un climat méridional.

D'autres tableaux étaient peints sur bois, et, ce qu'il y avait
de plus fâcheux, sur un bois très-peu durable, sur du peuplier.
Les chefs-d'œuvre où Raphaël a suivi cette méthode , quoiqu'ils
n'aient pas encore quatre siècles d'existence, étaient déjà, pour
la plupart, dans un déplorable état de détérioration. Lorsqu'on
descendit de sa place le magnifique tableau de la transfiguration (1), il en sortit tout à coup une immense quantité de pous-

---

(1) Le tableau de la transfiguration : un de ceux que le général Wellington a fait
enlever par des garnisaires, au mépris de la capitulation qu'il venait de signer. Ce
tableau appartenait à la France, non pas seulement comme objet acquis et garanti par
des traités, mais comme propriété française. Lorsque Raphaël eut peint, pour François 1er., les deux chefs-d'œuvre du Saint-Michel et de la Sainte-Famille, le prince

sière extrêmement ténue , qui vint former une couche épaisse
sur le carreau. C'était la sciure faite par la dent des insectes dans
les ais de peuplier sur lesquels était peint le tableau. Les trous
de vers n'avaient pas seulement détruit la cohésion et la force
des fibres du bois, ils traversaient et criblaient la peinture. Les
commissaires , malgré leurs talents supérieurs , malgré leur dé-
sir de faire à la France un aussi beau présent, virent avec effroi et
presqu'avec désespoir, la dégradation de ce tableau. Ils sentaient
de quelle responsabilité ils chargeaient leur réputation, en entre-
prenant de transporter dans un tel état le plus grand œuvre du
plus grand peintre, à cinq cents lieues de distance, à travers les
Apennins , sur la mer, et les fleuves, et les canaux ; avec des
embarquements et des débarquements toujours difficiles et dan-
gereux lorsqu'il s'agit du transport d'objets délicats et fragiles.
« L'Europe entière, se disaient-ils, nous accusera de la perte
» du plus précieux des monuments confiés à notre surveillance ,
» et nous flétrirons notre nom d'une tache ineffaçable. » Heureusement pour les beaux-arts, de plus mûres réflexions rendi-
rent les commissaires plus confiants dans leurs moyens. Non-seulement ils parvinrent, en prodiguant les soins ingénieux, à transporter sans accident les tableaux qui menaçaient de s'affaisser, de
se briser par leur propre poids, mais ces tableaux furent bientôt après rendus à leur solidité, à leur fraîcheur premières.

On approfondit chaque piqûre des vers avec un instrument ap-

---

récompensa l'artiste avec une telle générosité, que celui-ci ne crut pouvoir s'acquit-
ter qu'en peignant, pour le monarque, le tableau de la transfiguration. Malheureusement Raphaël mourut lorsqu'il mettait la dernière main à cet admirable ouvrage ;
le gouvernement papal s'en saisit ; et ce fut vainement qu'alors la France le réclama.
Eût-il donc été si contraire aux principes de morale et de légitimité, si pieusement
professés par Sa Grâce, de laisser aux fils de Henri IV, ce qui avait été fait pour
François Ier. leur ancêtre ?

propre à ce travail minutieux; ensuite on fit, dans la piqûre ainsi nettoyée, dégoutter un mordant qui tua l'insecte et ses œufs ; on remplit d'un mastic durable, faisant corps avec le bois, les vides qu'on venait de pratiquer : enfin un artiste habile, avec un pinceau délicat, remplit de nouvelle couleur les trous que les vers avaient faits depuis trois siècles dans l'ancienne; c'est ce qu'il fit avec tant d'art et de bonheur, que les teintes générales et leurs plus fines nuances n'en furent aucunement altérées.

La restauration du beau tableau de la Vierge au donataire, dite *du Foligno* (1) présentait d'autres difficultés encore. Les alternatives irrégulières de la chaleur et de l'humidité avaient gercé, fendu, déjeté le bois sur lequel était peinte cette composition à la fois gracieuse et sublime. On a dû faire disparaître ces gerçures, ces fentes et cette courbure; enfin réparer les injures que la fumée et la cire des cierges avaient faites au coloris, pour rendre ce tableau à la forme et à l'éclat qu'il avait en sortant des mains de Raphaël (2).

Avec une patience et une industrie incroyables, on recouvrit la peinture d'un enduit solide, mais enlevable à volonté; puis on rabotta peu à peu le bois sur lequel étaient appliquées les couleurs, en allant d'autant plus doucement qu'on approchait davantage de la peinture. On vint ainsi jusqu'à découvrir et mettre à nud la primitive esquisse du tableau. Alors on appliqua sous la peinture, en l'y faisant adhérer, une toile neuve et très-forte, tissue exprès et sans couture, par des procédés créés pour

(1) Il fallait aller dans un couvent isolé, à vingt-sept lieues de Rome, du côté de Spolette, pour voir ce tableau lorsqu'il était en Italie.

(2) Voyez, au sujet de cette restauration, le rapport adopté par la classe des sciences mathématiques et physiques, et par celle de littérature et beaux-arts, dans les séances des 1 et 3 nivôse an 10, publié dans le t. V des Mémoires de la classe de littérature et beaux-arts, pag. 144.

cet objet même; puis on enleva le placage conservateur qu'on avait fixé momentanément sur la face visible de la peinture. On nettoya les couleurs, on fit disparaître leurs gerçures, on fit adhérer avec le corps du tableau les écailles qui s'enlevaient déjà; et l'ensemble reprit sa beauté, parce que tous les détails reproduits dans leur pureté primitive, reprirent leur perfection.

Avec plus de difficultés encore on fit les mêmes opérations au grand et magnifique tableau du Titien, qui représente le martyre de saint Pierre : le succès qu'on obtint ne fut pas moins complet (1).

Les conservateurs du Musée central des arts, malgré leur zèle et leur talent furent dénoncés auprès du Directoire exécutif, comme n'apportant pas à la restauration des monuments confiés à leur direction, ces soins intelligents et ce respect religieux commandés par la beauté de telles œuvres. Aussitôt, le Directoire (2) nomma, pour examiner avec la plus grande sévérité les travaux des conservateurs, une commission composée de Monge et des autres commissaires du gouvernement préposés à la recherche des objets d'Italie, ainsi que des peintres, des sculpteurs, des graveurs et des architectes les plus célèbres, au nombre de vingt-huit. Cette commission, sous la présidence de Monge, s'occupa de vérifier, avec le plus grand détail, tous les faits allégués dans la dénonciation. Elle certifia soigneusement l'état où se trouvaient les tableaux les plus importants. Elle s'occupa surtout d'examiner les restaurations qu'on avait faites aux œuvres des grands maîtres.

Heureusement les commissaires français chargés de recueillir des objets d'art en Italie, avaient décrit sur les lieux mêmes, et à

---

(1) La restauration des tableaux que nous venons de citer est l'œuvre de M. Hacquin, et la mémoire d'un semblable service doit durer aussi long-temps que dureront les souvenirs de l'histoire de l'art.

(2) Extrait des registres du Directoire exécutif, du 7 nivôse an 6.

l'instant de la remise, les altérations que le temps avait produites sur ces objets. Ils avaient poussé le scrupule jusqu'à indiquer dans les tableaux, la position, la forme et la grandeur des déchirures de la toile, le nombre et l'étendue des écaillures des couleurs. Les conservateurs du Musée, en recevant les mêmes objets à Paris, avaient rédigé une description non moins minutieuse et non moins authentique.

C'est donc sur ces procès verbaux, comparés aux peintures restaurées, que la commission d'enquête eut à prononcer. Le rapport qu'elle fit au sujet d'opérations taxées de vandalisme, en faisant connaître ce qu'elles avaient d'ingénieux dans les moyens et d'heureux dans les résultats, est la plus belle apologie des travaux du Musée français.

Je me contenterai de citer, d'après le rapport de la commission d'enquête, ce qu'on a fait pour le carton de l'école d'Athènes. Lorsque Raphaël dut peindre à fresque le tableau dont ce dessin présente la composition, il s'en servit comme d'un poncif; et, par le moyen d'un piquoir, criblant de trous cette esquisse précieuse, il en transporta les contours sur le mur où la fresque devait être peinte. Dans la suite, pour conserver ce magnifique dessin, exécuté sur du papier ordinaire, on le colla en deux parties sur des toiles encadrées séparément. C'est dans cet état qu'on le voyait à la Bibliothèque Ambrosienne de Milan. Le collage avait été si mal fait, que le papier du dessin était frisé dans toute son étendue et plein de boursoufflures; enfin, les feuilles de ce papier, loin de se raccorder sur la toile, laissaient, en beaucoup d'endroits, des vides de deux à trois doigts. Les contours étaient donc brisés, leur continuité était perdue, on ne pouvait plus juger de l'harmonie et de l'ensemble des formes. Lorsqu'on voulut transporter ce carton, de Milan à Paris, il était entièrement détaché de sa toile; il était rongé de la largeur de plusieurs doigts dans trois parties différentes; enfin, (ce qu'on aura peine à croire!) la partie inférieure était remplie de taches que tout annonçait avoir été produites par des crachats: cette partie tomba en poussière quand on voulut remettre sur toile le dessin encore plus injurié par les hommes que par le temps.

Dès qu'il parvint aux conservateurs du Musée, ils le firent appliquer avec une extrême précision sur un tissu nouveau. Alors les frisures, les boursoufflures, les lacunes, les taches ont disparu; on eût dit qu'il sortait une seconde fois des mains de son auteur. Les habitants de la capitale qui conservent le souvenir de cet admirable morceau, peuvent élever la voix et dire s'il leur semblait possible, aux jours où sa contemplation faisait leurs délices, de soupçonner que cette magnifique composition eût été sauvée d'une dégradation si avancée, et qui bientôt, sans de tels soins, serait devenue complète.

Non-seulement on remit sur toile le carton de l'école d'Athènes, ainsi que plusieurs tableaux originairement peints sur bois; mais les tableaux qui avaient été peints sur une toile grossière et déjà dépérie, furent pareillement enlevés et mis sur un tissu nouveau, plus parfait et plus durable.

Il fallait donc que les chefs-d'œuvre de la peinture italienne quittassent l'Italie même et vinssent sur les bords de la Seine, pour échapper, par un prodige d'industrie et de patience, à la destruction qui les minait sourdement et qui les eût fait, au bout de quelques années, tomber en poussière à la moindre secousse.

Avec les monuments des beaux-arts, d'autres tributs encore étaient accordés à la nation française. Des manuscrits entassés dans les salles désertes du Vatican, furent tirés de l'oubli pour être étudiés, collationnés, commentés par nos philologues, et pour que les richesses littéraires qu'ils contenaient, ignorées jusqu'alors, fussent enfin révélées et données au monde savant. Sous l'habile inspection de M. Thouin, d'autres trésors ont été recueillis, toujours aux termes des traités. Des minéraux précieux, les belles pétrifications de Vérone, des animaux rares, des semences de végétaux particuliers à l'Italie, les modèles des instruments aratoires propres au sol célébré par les Géorgiques : telles étaient les richesses que les Français furent surtout jaloux et fiers d'importer dans leur patrie, pour hâter d'un progrès pareil, la culture du sol et la culture des esprits.

Et ces trésors, nous fûmes dignes de les avoir acquis, par le noble et libéral usage que nous en avons fait, en les plaçant dans des musées, ouverts sans rétribution, tantôt au public, tantôt aux savants, aux artistes, aux élèves de la France et de l'Europe entière. On eût dit que nous n'avions fait tant de travaux, que pour arracher les chefs-d'œuvre de touts les genres, à la rapacité des valets et des ciceroni d'Italie, et faire présent de leur jouissance à touts les peuples de l'univers.

J'ai dit comment Monge et ses collègues remplirent et surpassèrent l'attente des Français, qui virent enfin arriver, dans l'état de conservation le plus parfait, le digne prix de leurs victoires. Arrêtons nos regards sur cette époque mémorable. Déjà, les scènes d'horreur qui avaient ensanglanté la France étaient ensevelies dans le sang même des scélérats qui les avaient fait naître. Cette France, si long-temps éplorée et déshonorée, commençait à relever son front majestueux. Des lauriers nouveaux couvraient chaque jour une de ses plaies, et cachaient quelque cicatrice. La science avait rouvert ses temples à la jeunesse; l'amour des lettres et des arts, de leurs paisibles et pures jouissances, rentrait dans les cœurs consolés; et l'infâme terreur, fuyant pour long-temps une terre d'héroïsme, permettait aux belles âmes de se livrer aux plus nobles plaisirs, aux plus douces émotions, au plus généreux enthousiasme. Entraînés par cet élan magnanime qui les inspirait alors, les Français résolurent de célébrer l'entrée des monuments dans la ville triomphale, par une de ces fêtes dont la grandeur appartient à la postérité, parce qu'elles sont pour les générations successives un souvenir de gloire et de génie (1).

On transporta les tributs de l'Italie, sur des chars de forme antique, dans la vaste enceinte du Champ-de-Mars. Les dieux de Rome et de la Grèce, qui s'étaient assis, il y a deux mille ans, sur les autels d'Olympie, de Delphes et du Capitole, enchaînés par des lauriers français, étaient conduits dans cette marche solennelle, à l'ombre des drapeaux enlevés par les enfants de la Gaule, aux descendants des Cimbres et des Teutons. Ces trophées avaient pour escorte des bataillons de héros, marchant en ordre et en silence, décorés seulement (comme on l'était alors) avec des cicatrices, et sans autre luxe que l'éclat du fer de leurs armes. Pour captifs traînés à la suite du triomphe, on voyait des lions et des tigres enchaînés; et gardés, non plus afin de leur faire terrasser des gladiateurs et dévorer des vaincus, mais afin d'offrir à l'homme civilisé les vivants modèles des plus puissantes productions de la nature; enfin, pour cortége aux monuments et aux vainqueurs, la vivante école d'Athènes, ses savants, ses lettrés, ses artistes, ses musiciens et ses poëtes; les corps suprêmes de l'état; et tout un peuple ivre d'enthousiasme et d'orgueil! Telle fut la grandeur et la simplicité de cette pompe arrivant au Champ-de-Mars.

Lorsque l'éloquence de nos orateurs eut célébré nos exploits,

---

(1) Le programme de cette fête, et l'énumération des monuments conduits en triomphe, se trouvent dans le tome XVIII°. de la collection des Mémoires de l'institut, portant pour titre : RAPPORTS ET TRAVAUX, 1803. Ce programme a été imprimé en thermidor an 6.

par la plus noble et la plus sûre voie, par leur fidèle récit, le conservatoire de musique, création récente et grande dès sa naissance, remplaçant, à la rénovation des fêtes antiques, les chœurs des jeunes Romains et des vierges romaines, répéta les accents de cette poésie lyrique inspirée par les dieux mêmes au Pindare de l'Italie, pour célébrer la grandeur du siècle d'Auguste. Aux accords de cent voix secondées par une riche et puissante harmonie, après dix-huit anniversaires de silence, les airs ont retenti des paroles sacrées du chant séculaire d'Horace :

> Profanes loin d'ici, peuple faites silence (1);
> Vierges pures pour vous, pour vous naïve enfance,
> Du prêtre des neuf sœurs vont retentir des chants
> Dont nul mortel encor n'entendit les accents.
> . . . .
>
> Phébus même, des vers m'apprenant l'harmonie,
> M'instruisit dans son art et forma mon génie :
> Nobles fils des Romains, et vous leurs chastes sœurs,
> A ma voix mariez le doux concert des chœurs.

L'héroïsme et le génie, la sagesse et la fécondité, le travail et l'abondance, invoqués sous les noms d'Apollon, de Diane, de

---

(1) *CARMEN SÆCULARE.*

PROLOGUS. — PONTIFEX.

Odi profanum vulgus, et arceo.
Favete linguis : carmina non prius
Audita, Musarum sacerdos,
Virginibus, puerisque canto.

EPILOGUS.

Spiritum Phœbus mihi, Phœbus artem
Carminis, nomenque dedit poetæ
Virginum primæ, puerique claris
*   Patribus orti, etc....*

Ritè Latonæ puerum canentes, etc.

Lucine et de Cérès, semblaient prendre un nouveau caractère, en présence des simulacres qui représentaient il y a deux mille ans, ces vertus et leurs bienfaits, divinisés par l'ingénieuse antiquité.

Les vœux adressés à ces vertus pour la grandeur de la ville immortelle, étaient alors les vœux de touts les cœurs pour la grandeur de la France victorieuse; et la frayeur des ennemis repoussés, le retour des mœurs, de l'abondance et du bonheur, étaient peints, comme une vivante allégorie, dans ces strophes majestueuses :

LES CHOEURS.(1)

Les deux bornes du monde au bruit de nos exploits,
Le nord et le midi confondent leurs alarmes ;
Devant notre valeur fléchit le front des rois ,
Et leur orgueil superbe est vaincu par nos armes.

Déjà la foi , la paix et l'antique pudeur
Relèvent de leurs mains le temple de l'honneur,
Et Cérès sur vos pas , vertus régénérées ,
Ramène l'abondance en nos vastes contrées.

Mais il ne suffisait pas d'avoir offert d'immortels tributs en hommage au peuple victorieux, et d'avoir reçu ces tributs avec une pompe digne de leur magnificence. Il fallait créer un Pan-

---

UTERQUE CHORUS. (1)

Jam mari terrâque , manus potentes
Medus , albanasque timet secures ;
Jam Scythæ responsa petunt, superbi
  Nuper et Indi.

Jam Fides , et Pax , et Honos, Pudorque
Priscus , et neglecta redire virtus ,
Audet; apparet que beata pleno
  Copia cornu.

théon à ces divines images du génie des temps antiques et des temps modernes. Le Louvre reçut cette noble destination ; et l'ami des arts put juger que, pour avoir quitté les palais et les temples de l'Italie, les dieux, les héros, les sages et les martyrs des Phidias, des Apelle, des Raphaël et des Michel-Ange, n'avaient rien perdu dans le goût, la convenance et le grandiose de leurs premiers sanctuaires.

Tandis que les chefs-d'œuvre, digne prix de nos dernières campagnes, entraient avec solennité dans les murs de Paris, les guerriers qui les avaient acquis par leurs exploits, plantaient déjà leurs drapeaux sur le rocher de Malte et sur les rives de l'Égypte. Ils conduisaient sous leur égide une cohorte de savants et d'artistes, chargée d'explorer les monuments des Pharaons et des Ptolémées; de tracer d'après ces débris imposants, l'état de l'industrie, de la civilisation et de la grandeur du plus ancien des peuples qui vivent encore par les restes de leurs œuvres.

Monge et son inséparable ami Berthollet étaient aux premiers rangs de cette illustre cohorte; ils devaient en diriger les opérations.

En parcourant l'Italie pour recueillir les statues et les tableaux cédés à la France, Monge avait été frappé du contraste singulier que présentent les monuments des Romains et des Grecs, et ceux des Égyptiens transportés aux bords du Tibre sous Auguste et ses successeurs. Ces derniers monuments n'offrent pas, comme les premiers, l'élégance, la grâce et la variété; le choix exquis des belles formes imitées de la nature humaine, fruits heureux du génie inspiré par le goût. Mais ils ont pour caractère la simplicité, la régularité, la grandeur et surtout la durée. Ils donnent une haute idée de l'audace, de la force, de la patience et du savoir des hommes qui ont tiré ces masses imposantes des entrailles de la terre; qui les ont taillées avec une précision parfaite, en leur donnant un poli que les siècles n'ont pu détruire; enfin qui les ont transportées et dressées par des moyens inconnus, pour rester debout au milieu des révolutions et des ruines de la nature et des sociétés.

Ces caractères comparés des monuments antiques, devaient être le sujet fréquent des entretiens du vainqueur de l'Italie, et du commissaire qui recueillait pour la patrie les plus beaux fruits de la victoire. L'Égypte revenait maintes fois dans les discours de deux hommes également doués d'une imagination vaste et puissante, mais appliquée, dans l'un, à mouvoir, à maîtriser des soldats et des peuples; dans l'autre, à pousser les esprits vers l'enthousiasme de la science et l'amour des arts utiles.

Le général qui, déployant sur le bord de l'Adriatique, les bataillons de son armée victorieuse, osait leur dire : « Guer- » riers français, au-delà de ce court détroit est la Grèce où » naquit, d'où partit Alexandre, pour aller subjuguer l'Orient » et fonder la ville de son nom sur la terre des Sésostris ! » ce gé- néral ne pouvait jeter sur l'Égypte un regard indifférent. Sans doute, il rangeait déjà la conquête d'Alexandre, d'Auguste et de Mahomet, au nombre de ses conquêtes à venir. Il y voyait pour la France la plus riche et la plus fertile des colonies; le chemin militaire des grandes Indes; l'humiliation, et peut-être la ruine de l'Angleterre. Il y voyait pour lui, des hasards, des combats, des triomphes; une renommée tranchant par sa nou- veauté sur toutes les autres gloires; la perpétuité d'un comman- dement qu'allaient faire expirer ses exploits mêmes, et la paix qui les couronnait. Peut-être, enfin, il voyait dans l'Égypte ce que César vit dans la Gaule, l'arsenal où devaient être trempés et durcis, les glaives et les cœurs destinés à renverser la liberté de la patrie.....

3

Monge étendait moins haut, mais plus loin ses regards. Reculer les domaines de l'histoire par-delà les âges fabuleux de la Grèce; apprendre avec la certitude du géomètre, ce qu'étaient les travaux des anciens sages de l'Orient; retrouver, par la contemplation de leurs monuments, ce qu'ont été leurs connaissances astronomiques et mathématiques, les procédés de leurs arts, les usages de leur vie publique et privée, l'ordre et la majesté de leurs fêtes, de leurs cérémonies politiques et religieuses : enfin, sous un climat de la zone torride, voir une nature immuable, et pour nous toute nouvelle; un ciel, un fleuve, une terre et des déserts qui produisent des phénomènes inconnus en Europe; accroître par tous ces moyens le double champ de la philosophie naturelle et de la philosophie historique : telles devaient être les idées que le géomètre s'efforçait de présenter au conquérant, et qu'il savait revêtir de ces formes entraînantes qu'un grand esprit, fortement pénétré, met toujours dans l'expression de ses plus profondes pensées.

Cependant l'Autriche, alors justement humiliée, fut forcée d'implorer la clémence des armées françaises. Elle reconnut enfin l'indépendance et la majesté d'un peuple qu'elle avait jusqu'alors regardé comme une horde de rebelles. Le traité de Campo Formio fut signé, et mit pour nous une fin glorieuse aux premières campagnes d'Italie.

Le général Bonaparte, en quittant le commandement de son armée, vint dans la capitale de la France pour y jouir du fruit de ses exploits. Jamais il ne fut plus digne d'observation. Il sollicita, mais vainement, de rentrer dans Paris en vainqueur consulaire, précédé par son armée et par tous les monuments de la victoire. Ne pouvant obtenir le triomphe des Sylla, des Marius et des César, il étala tout à coup la simplicité de Miltiade, des Aristide et des Épaminondas. Modeste en ses vêtements, mais couvert d'or sur les uniformes de tous ses lieutenants ; réservé dans ses discours ; contraint dans ses attitudes ; ne laissant voir son naturel que par éclairs et malgré la force de son caractère : il parut aux yeux du vulgaire au-dessus de sa renommée. Aux yeux d'observateurs plus profonds, sa pose antique ne parut qu'une grandeur d'apparat. Vainement il s'efforçait d'afficher la simplicité des héros de la Grèce et de Rome ; à travers la modestie du faux Camille perçait l'ambition de Manlius. Les barbares repoussés par le héros, il fallait pour sauver la liberté, non le bannir du Capitole avec ses légions, mais le garder à vue sur la roche Tarpéïenne : ce fut au premier parti que s'arrêta le Directoire, et cela perdit la république.

Vainement Bonaparte, entrevoyant des chances de trouble et de commandement, crut pouvoir en profiter et rester au sein de la France, comme un lion en arrêt devant sa proie future. On lui fit sentir qu'il devait, ou rentrer sans éclat dans les rangs de la vie privée, ou s'éloigner à la tête de ses soldats : il se résolut donc à partir. Trente-huit mille guerriers, l'élite de l'armée d'Italie, se concentrèrent dans la Provence et s'embarquèrent sous ses ordres, sur l'escadre de Brueys.

Il fut tenté quelque temps d'entreprendre une descente en Angleterre. Il commandait à des hommes qui ne croyaient plus que rien pût être impossible à leur valeur ; qui comptaient pour rien les fatigues, et les dangers pour moins encore ; qui savaient mépriser toutes les jouissances de la vie, et les changer avec joie pour des hasards et de la gloire. Nul doute que de tels guerriers, une fois débarqués sur le sol de la Grande-Bretagne, n'y eussent opéré des prodiges. Mais cette expédition présentait aussi des chances qui souriaient beaucoup moins à l'imagination d'un homme à qui les prospérités n'avaient point encore enlevé sa profonde prévoyance. Il ramena ses regards vers cette expédition d'Égypte qu'il avait osé rêver des rivages de l'Italie, et il se décida de tenter la fortune par cette voie.

A cette époque, les sciences venaient de rendre à la patrie des services si grands et si multipliés, qu'elles avaient acquis dans l'esprit général de la nation, le plus haut degré de vénération et de reconnaissance. La France était le premier état libre où le savoir fût devenu, par ses bienfaits publics, une puissance presque égale à l'éloquence et à la valeur. Bonaparte, qui voulait que son char fût traîné par touts les bras du pouvoir et de la renommée, songea donc à s'entourer du prestige et des services de la science. Il envoyait, par ses généraux les plus fameux, les drapeaux enlevés à l'ennemi dans les combats; il envoya le traité de Campo Formio par un homme dont le génie honorait les arts de la paix. La mission de Monge (1), apportant au directoire le nouveau pacte d'alliance de la France avec l'Autriche, parut à tous les amis de la civilisation et des hautes connaissances, un hommage rendu par le général pacificateur, à la gloire de la philosophie et des sciences. Ce général ambitionna cette gloire

(1) Monge eut en commun avec Berthier cette honorable mission ; et Bonaparte écrivait à leur sujet au directoire : « Citoyens directeurs, le général Berthier et le » citoyen Monge vous portent le traité définitif....

» Le général Berthier, etc.....

» Le citoyen Monge, un des membres de la commission des sciences et des arts, » est célèbre par ses connaissances et son patriotisme. Il a fait estimer les Français » par sa conduite en Italie; il a acquis une part distinguée dans mon amitié : les » sciences, qui nous ont révélé tant de secrets, qui ont détruit tant de préjugés, » sont appelées à nous rendre de plus grands services encore. De nouvelles vérités, » de nouvelles découvertes nous révéleront des secrets plus essentiels encore au » bonheur des hommes; mais il faut que nous aimions les savants et que nous proté- » gions les sciences.

» Accueillez, je vous prie, avec une égale distinction, le général distingué et le » savant physicien. Touts les deux illustrent la patrie et rendent célèbre le nom » français. Il m'est impossible de vous envoyer le traité de paix définitif par deux » hommes plus distingués dans un genre différent. »

comme un moyen de s'élever au-dessus des héros qui l'égalaient en bravoure et en talents militaires, mais qu'il surpassait touts en ambition et en profondeur de vues politiques. Il se fit nommer membre de l'Institut dans la classe des mathématiques et de la physique (1). Dans les ordres du jour que Bonaparte donna depuis à son armée, il prit avec ostentation le double titre de MEMBRE DE L'INSTITUT et GÉNÉRAL EN CHEF, pour persuader aux guerriers qu'il avait le génie de la science, comme aux savants le génie de la guerre, et pour se faire regarder par les braves et les doctes comme leur double ouvrage. On le vit, tel qu'un simple amateur, suivre assidûment des cours de physique et de chimie, à l'école polytechnique; accueillir touts les hommes fameux par leurs talents; s'attacher à leur montrer une facile bienveillance, parce que la bienveillance d'un triomphateur qui nous écoute, et qui paraît nous entendre, fait que nous lui prêtons toujours le savoir et la capacité nécessaires pour approfondir et goûter nos plus hautes méditations. C'est par cet art, c'est par ce feint amour pour la science, pour la patrie, pour les idées libérales, que Bonaparte s'empara de l'esprit enthousiaste de Monge, et séduisit la raison plus froide de plusieurs des dignes émules de l'illustre géomètre.

En partant pour l'Égypte, Bonaparte voulut s'entourer des savants, des artistes et des gens de lettres dont il avait fait la conquête, afin que leurs travaux s'identifiassent avec sa gloire militaire, afin que leur voix reconnaissante pût un jour célébrer sa renommée, et la faire vivre dans la postérité par touts les monuments des muses. Monge et Berthollet furent aux premiers rangs dans un tel choix. Le premier dut partir d'Italie et

---

(1) Dans la section de méchanique, à la place de Carnot, proscrit par suite du 18 fructidor.

conduire avec lui quelques hommes habiles. Le second et Caf-farelli Dufalga (1) furent chargés de choisir parmi les hommes distingués par leurs talents et leur expérience, pour composer la commission des sciences et des arts qui devait accompagner l'expédition : ils formèrent ainsi la plus brillante réunion.

Heureux sol de la France! en vain dans tes campagnes et tes villes frappées du fléau des vandales, la barbarie a fait des lumiè-res et des talents, un titre à la proscription; en vain la faux révolu-tionnaire a moissonné, pendant des saisons entières, ces plantes gé-néreuses qui croissent et fleurissent pour l'embellissement et la prospérité de la patrie. Notre terre a reproduit des lumières et des talents par-delà leur destruction. Sur les débris de trois acadé-mies, avec un plan plus vaste, plus régulier et plus beau, la nou-velle république des sciences, des lettres et des arts, a soudain recomposé son sénat laborieux, pour recueillir et féconder les trésors de la nature. Le suc des fleurs renaissantes, élaboré par de pénibles travaux, commence à peine à produire le miel pur des abeilles, et voilà que sans appauvrir la ruche immortelle, un nouvel essaim a déjà pris son essor. Il va des bords de la Seine, porter sur les bords du Nil, l'industrieuse activité qui fait la gloire et la richesse de la mère-patrie. Les savants de la France vont ramener les connaissances agrandies du moderne Occident, vers ces contrées orientales où, trente siècles auparavant, les philosophes de la Grèce étaient allés chercher les ger-

---

(1) Caffarelli-Dufalga, général de division, au corps du génie militaire, mourut en Syrie, au siége de Saint-Jean d'Acre; grièvement blessé d'un coup de feu, on le porta dans une tente, auprès de celle où gisait Monge accablé de la maladie épidémique qui exerçait alors ses ravages sur l'armée française. Peu d'hommes ont plus que Caf-farelli chéri le savoir et la vertu, la vraie gloire et la patrie. C'est le plus digne mo-dèle des généraux français tels qu'ils étaient en si grand nombre, avant que les hon-neurs et les richesses ne vinssent rabaisser la grandeur de leur caractère.

mes du savoir et de la vérité. Les nouveaux voyageurs trouveront déserts et silencieux les temples où les mystères de la sagesse étaient révélés, avec tant de pompe et de magnificence,
aux Homère, aux Pythagore, aux Hérodote, aux Platon. Mais
le génie interrogera les monuments, et ils cesseront d'être muets.

Dans l'antique Orient, la sculpture et l'architecture étaient
regardées comme des sœurs inséparables, chargées de transmettre à la postérité les principes de la morale, les grands faits
de l'histoire et les vérités éternelles puisées dans l'étude de la nature. La contemplation et l'intelligence des cieux étaient à la
fois une adoration et une science pour les prêtres de l'Égypte.
Ils gravaient sur les plafonds de leurs temples, la peinture fidèle
des constellations parcourues par le soleil. Ils orientaient leurs
monuments, pour rapporter à ces directions sacrées, les symboles
des astres qui forment le zodiaque; enfin, ces symboles représentaient, suivant leur ordre naturel, des phénomènes que la suc-
cession régulière des saisons produit dans le climat de l'Égypte.

En prenant pour base l'observation scrupuleuse des emblè-
mes astronomiques échappés à la faux du temps; en leur appliquant les calculs des Newton et des d'Alembert (1), qui font
connaître à la fois la marche passée et la marche à venir des
astres de notre système, on a donc pu fixer l'époque où les plus
beaux monuments de l'Égypte étaient le sanctuaire de la science,
où l'industrie florissait, où les institutions politiques et religieuses brillaient dans tout l'éclat de leur sagesse (2).

---

(1) Théorie de la précession des équinoxes.

(2) Tel est l'objet du travail exécuté par M. Fourier. Il a rassemblé méthodique-
ment, dans une série de sept mémoires, la description de toutes les sculptures astronomiques de l'Égypte, leur explication, et les conséquences mathématiques et phi-
losophiques qu'il est possible d'en déduire sur l'antiquité des monuments de l'É-
gypte, etc. Dans un dernier mémoire, il jette un coup d'œil général sur les sciences

Vingt-cinq siècles avant l'ère chrétienne existaient les plus beaux monuments de Memphis et de Thèbes; on les embellissait des scènes présentées par le spectacle des cieux. C'est avant cette époque si reculée que les Égyptiens ont acquis leurs profondes lumières; c'est plus anciennement encore qu'ils ont bâti les édifices où l'art se montre à moitié dans l'enfance. L'intervalle qui sépare la construction de ces premiers monuments et des plus beaux chefs-d'œuvre, doit être assez grand pour que quatre mille trois cents années après l'érection des plus récents, on soit frappé de la différence de leur âge : différence annoncée par l'éclat brillant des uns, par l'aspect terne et sombre des autres. Mais, combien de siècles par-delà ces quarante-trois siècles ont-ils été nécessaires pour la formation de la société, pour l'invention des arts et leur perfectionnement; pour la culture des sciences et la connaissance des grandes périodes astronomiques?.... C'est ce que les monuments ne sauraient nous apprendre, et ce qui semble devoir rester caché dans l'obscurité dont s'enveloppe la naissance de tous les premiers peuples. Voilà quelles sont les bornes posées désormais entre la chronologie certaine, rigoureuse, et les temps où les imaginations vagues peuvent errer à leur gré pour former de vains systèmes.

Telle était donc l'importance de l'étude la plus scrupuleuse des antiquités de l'Égypte. Cette étude exigeait qu'on représentât avec les moyens d'une science perfectionnée, la position,

les arts et le gouvernement de cette contrée, en marquant à grands traits les caractères de leurs connaissances théoriques et pratiques, ainsi que de leurs idées morales, politiques et religieuses. Ce vaste ensemble de recherches, ce résumé des probabilités que l'expédition française a portées jusqu'au rang des certitudes, terminerait le magnifique ouvrage sur la description de l'Égypte, comme le digne épilogue d'un grand et beau poëme.

la grandeur et la forme de toutes les parties des édifices et de leurs moindres ornements.

Voilà le travail gigantesque qui fut fait par les disciples de Monge, dirigés par les lumières de cet illustre maître; inspirés, soutenus par son enthousiasme, et faisant pour leur coup d'essai la plus grande et la plus belle application de sa géométrie descriptive.

Depuis trois ans seulement s'était formée cette école qui a dû régénérer toutes les branches de nos travaux publics. Déjà les premiers élèves, achevant le cercle de leurs cours, ont quitté les laboratoires et les amphithéâtres; un appel est fait au nom des arts à leur jeune imagination, et l'élite de la plus belle promotion (1) s'embarque pour aller reproduire, par les moyens variés de la science dont ils viennent d'acquérir le trésor, les travaux entrepris dans l'Égypte il y a quarante siècles. La description géodésique et monumentale de l'Égypte est une entreprise vraiment polytechnique. Dirigée par Monge, Berthollet et Fourier, trois professeurs de cette école (2), cette entreprise fut exécutée par leurs élèves, aidés, instruits par quelques artistes, par quelques architectes (3) consommés, dont ces jeu-

---

(1) Il y avait dans l'expédition d'Égypte, en officiers sortis de l'école polytechnique, quatre artilleurs, sept ingénieurs militaires, seize ingénieurs des ponts et chaussées, six géographes, trois officiers du génie maritime, et deux administrateurs. Total, quarante et un.

(2) Costaz, examinateur d'admission; et Say, professeur de fortification à l'école polytechnique, faisaient aussi partie de l'expédition d'Égypte; mais ce dernier était, comme Caffarelli-Dufalga, absorbé par ses fonctions d'ingénieur militaire. Il périt, ainsi que cet illustre général, au siège de Saint-Jean-d'Acre. Il a donné, dans le journal de l'école polytechnique, un mémoire sur le défilement.

(3) Nous citerons seulement ici, pour la grande étendue et l'importance de leurs travaux, M. Girard, ingénieur en chef des ponts et chaussées, membre de l'institut de France, et M. Le Père, architecte, ancien adjoint à l'inspecteur des études de

nes savants devinrent aussitôt les amis, les émules et les égaux.
C'est ici qu'il faut voir tout ce que peut l'ardeur française, inspirée et soutenue par un grand et noble motif. Elle devient alors
ce qu'elle ne saurait être chez aucun autre peuple : une persévérance d'enthousiasme, à l'épreuve des maux et des revers.
Ni les chaleurs brûlantes du tropique, ni les dangers de la
guerre, ni les privations de toute espèce ne purent ralentir une
entreprise qui semblait demander tout le calme et les loisirs de
la paix.

Depuis Alexandrie jusqu'à Péluse; depuis le Caire jusqu'à
Suez; depuis les fertiles plaines du Delta jusqu'aux déserts de la
Thébaïde, aucun objet, aucun lieu digne d'attention n'est
échappé aux recherches des savants français. Au moyen d'opérations astronomiques, ils ont fixé la position des points qui
étaient importants, soit par leur situation militaire ou commer-
ciale, soit par les antiquités dont ils offrent les restes, ou par les
constructions nouvelles qui s'élèvent sur les débris des anciennes constructions. D'immenses nivellements ont été faits, de la
Méditerranée à l'océan Indien. D'autres nivellements ont déterminé les pentes de la vallée du Nil, la marche progressive des
alluvions, et l'antiquité que cette marche révèle, dans les monuments qui se cachent insensiblement sous le sol exhaussé. Enfin, une grande triangulation a ramené la position des points secondaires à celle des points principaux. On a donc pu préparer
les éléments de la carte d'Égypte, avec toute la perfection où
doivent atteindre des observateurs habiles, employant d'excel-
lents instruments, et s'aidant de tous les secours d'une analyse
et d'une géométrie qui ne laissent plus rien à désirer pour une
telle application.

---

l'école polytechnique; nous en citerions d'autres encore sans la crainte de nous trop
écarter de notre sujet principal.

Sur la vaste superficie dont touts les points remarquables se sont trouvés ainsi rigoureusement observés et calculés, touts les grands monuments, touts les débris intéressants ont été visités, mesurés avec la dernière précision ; non-seulement dans leurs dimensions principales, mais dans touts les détails de leurs formes variées, et des sculptures, des symboles qui les décorent.

Partout on a dessiné avec la plus scrupuleuse exactitude les ornements, les bas-reliefs et les hiéroglyphes, les statues isolées et les cariatides, les tombes et les obélisques. Quant aux édifices importants, on commençait par entreprendre l'exacte topographie des lieux environnants ; des vues perspectives donnaient l'aspect de ces édifices dans leur état actuel ; des plans généraux faisaient connaître ensuite ce qui reste de leur ancienne ordonnance ; des plans particuliers développaient ce qu'il y a de curieux ou d'important dans les détails : enfin des restaurations ingénieuses, au moyen des lumières fournies par le parallèle des monuments du même ordre, ont permis de relever par la pensée, et de rétablir dans leur ensemble, les temples et les palais que le savoir et la persévérance ont ainsi fait renaître de leurs ruines.

Afin de donner une idée de ces immenses travaux, nous parlerons seulement des opérations exécutées pour exhumer les chefs-d'œuvre de Thèbes ; entreprise dont le génie de Bossuet avait pressenti, deviné la grandeur (1) ; entreprise qu'il jugeait digne du siècle de Louis XIV ; mais qui ne pouvait être réalisée qu'à la fin d'un autre siècle, avec l'élite d'une génération éclai-

_____

(1) « Maintenant que le nom du roi pénètre aux parties du monde les plus inconnues, et que ce prince étend aussi loin les recherches qu'il fait faire des plus beaux ouvrages de la nature et de l'art, ne serait-ce pas un digne objet de cette noble curiosité, de découvrir les beautés que la Thébaïde renferme dans ses déserts, et d'en-

rée par le flambeau des sciences, trempée par le malheur, et
dont le ressort s'est développé tout à coup par la nécessité.

A la suite de ce Desaix qui mourut dans les bras de la victoire, qui vécut dans la sagesse et la simplicité, et que les peuples de l'Egypte appellent encore SULTAN-JUSTE, plusieurs ingénieurs pénétrèrent jusqu'aux limites les plus reculées de la
Haute-Égypte ; ils commencèrent les travaux de la description
de Thèbes.

Plusieurs mois après, deux commission des savants, d'artistes et d'ingénieurs, conduites séparément par Fourier et Costaz, remontèrent le Nil pour reprendre et continuer les mêmes
travaux. Les hommes habiles qui avaient acquis déjà beaucoup
de lumières, exécuté beaucoup de mesures et de dessins, s'em-
pressèrent de communiquer leur expérience et leurs richesses
aux deux commissions dans lesquelles ils prirent rang. Chacune dut opérer d'une manière indépendante ; relever, figurer
et décrire les monuments de Thèbes, comme si l'autre n'eût
pas existé. Touts les soirs, lorsque la chute du jour amenait la
suspension des travaux, les membres d'une même commission
se réunissaient pour se rendre compte de leurs opérations, pour
s'éclairer mutuellement de leurs observations et de leurs conseils. Quand le travail entier fut achevé, une semblable communication eut lieu entre les deux commissions. Or il se trouva,
que ce qui avait échappé à l'une avait été complétement exécuté
par l'autre ; que certains détails obscurs, incohérents, inexacts
dans les opérations de celle-ci, avaient été plus heureusement,
plus rigoureusement déterminés par celle-là. Voilà comment de

richir notre architecture des inventions de l'Égypte ? Quelle puissance et quel art ont
pu faire d'un tel pays la merveille de l'univers? Et quelles beautés ne trouverait-on
pas si on pouvait aborder la ville royale, puisque, si loin d'elle, on découvre des
choses si merveilleuses ? » (*Bossuet ; Histoire universelle.*)

deux séries de recherches , dont chacune eût présenté beaucoup de défauts malgré tous les efforts d'un travail prodigieux, on parvint à former un ensemble aussi parfait qu'il soit donné aux mortels d'en produire.

Cet échange de lumières et d'observations , entre des hommes qui couraient la même carrière d'ambition et de renommée , étaient rivaux sous tant de titres , n'est pas, aux yeux du philosophe, un des spectacles les moins touchants que puisse offrir l'étonnant tableau de l'expédition d'Égypte. Il n'y avait que des maîtres et des élèves qui pussent, ainsi, fondre au même creuset les trésors de leur gloire personnelle, pour épurer la gloire de tous, et en former un monument à la patrie. Il n'existait plus alors de puériles prédominances entre l'analyste et le géomètre, le théoricien et le praticien, l'ingénieur et l'architecte; il n'y avait que les pères et les enfants d'une même famille ; et les bienfaits d'une école de quatre années d'existence, aidaient les vastes débris d'une ville de quatre mille ans, à sortir de leurs décombres séculaires, pour reparaître aux yeux de la postérité , dans leur splendeur antique et majestueuse.

Pour se former une idée de ces immortels services, et des chefs-d'œuvre qu'ils ont fait renaître pour l'instruction des peuples modernes; si l'on voulait se représenter par l'imagination ce que dut être, ce qu'est encore l'ancienne capitale de l'empire des Pharaons, il faudrait supposer Paris transporté tout à coup avec la fertile vallée de son fleuve, entre les déserts de l'Afrique et de l'Asie; l'entourer par deux chaînes de montagnes, l'une escarpée, élevée, hérissée de rocs creusés en immenses catacombes; l'autre déployée en vaste croissant, pour couronner l'amphithéâtre d'une plaine dont la verdure contraste avec le sable doré de monticules sans nombre, mobiles remparts de la végétation ; contre l'océan des sables de l'Arabie. Il faudrait supposer que la Seine triplât sa largeur, et fût cacher sa source en des régions inconnues et lointaines. Il faudrait, pour former un seul des monuments du premier ordre, enlever les maisons qui séparent encore les Tuileries et le Louvre ; diviser régulièrement cet immense Carrousel, afin d'en former un enchaînement de nefs et de cours , de parvis et de sanctuaires ; marquer ces divisions par des propylées , des portiques , des péristyles dont les innombrables colonnes, exécutées sur deux galbes différents, tantôt égalassent en élégance et en richesse, tantôt surpassassent en grosseur et en solidité, la colonne isolée de la place Vendôme. Il faudrait, contre les plus hautes colonnes , poser des statues de dieux dont la grandeur fût deux fois celle du Jupiter d'Olympie. Il faudrait, pour former une digne avenue au palais des géants, niveler le terrain des Tuileries jusqu'à l'Étoile, et remplacer les arbres qui bordent cette immense et belle allée par autant de béliers et de sphinx colossaux, dont chacun eût été tiré d'un seul bloc et sculpté dans le rocher. Pour fournir la matière à tous ces travaux de sculpture et d'architecture , au grès indestructible on marierait avec art le granit et le porphyre. Pour former l'hippodrome et le champ des exercices militaires, il faudrait doubler la largeur et quadrupler la longueur de notre Champ-de-Mars ; l'entourer d'une épaisse et haute enceinte percée des cent portes célébrées par Homère ; des cent portes dont chacune, au jour des fêtes solennelles, ouvrait passage à cent chariots de guerre, lorsqu'ils se rendaient en pompe aux monuments triomphaux répandus autour du cirque avec une étonnante profusion. Il faudrait, sur la vaste échelle dont nous donnons la mesure , multiplier les temples , les palais, les statues colossales, les obélisques, et les catacombes, et les labyrinthes ; empreindre, par la main du temps, les matériaux des édifices avec des teintes qui désignassent les centaines d'années qui sé-

parent les époques de leur fondation. Enfin, par un de ces
ébranlements subits qui bouleversent la terre, ou plutôt par
le passage dévastateur d'un nouveau Cambyse, il faudrait renverser tout à coup les habitations chétives et fragiles que nous
nommons ici des hôtels, des églises, des palais; précipiter sur
le sol, les toits et les plafonds des monuments antiques; ne laisser
au - dessus des amas de décombres que le squelette des chefs-
d'œuvre de la sculpture et de l'architecture, le corps et le cou-
ronnementdes murailles couvertes de sacrés caractères, le faîte
des colonnes, le buste des grandes statues et l'aiguille des obélisques; conserver intactes cependant quelques grandes parties
des temples et des palais, pour redire à la postérité ce qu'était,
dans son ensemble et ses détails, la beauté, la richesse et la
majesté de la ville des dieux et des rois: alors on aurait une faible idée de l'aspect qu'offrent encore les ruines de Thèbes (1).

Il faut quitter ces magnifiques souvenirs produits par la
splendeur des ruines égyptiennes; il faut porter nos regards sur
d'autres travaux qui, moins séduisants pour l'imagination, n'en
sont pas moins importants aux yeux du philosophe. La conquête de l'Égypte porte un tout autre caractère que ces croisa-
des barbares, où les soldats demi-sauvages du moyen âge ap-
portaient, dans l'Afrique et dans l'Asie, la dévastation et touts
les fléaux d'une brutale ignorance. Comme on vient de le voir,
les lumières et l'industrie du dix-huitième siècle marchaient à

---

(1) La description de Thèbes, par MM. Jollois et Devilliers, forme à elle seule un
volume de 335 pages in-folio; elle est pleine de recherches d'une grande érudition;
elle fait connaître, avec autant de méthode que de précision, tout ce qui caractérise
chacun des monuments dont on peut encore étudier les vestiges. C'est M. Jomard
qui a décrit les hypogées de Thèbes; il vient de recevoir la récompense de ses nombreux et habiles travaux, par son admission à l'académie des inscriptions et belles-
lettres : académie qui, peut-être, devrait se montrer moins avare de ses doctes fau-
teuils, pour les coopérateurs du grand travail de la description de l'Égypte.

la suite de l'armée; elles étaient représentées par des maîtres déjà célèbres, et des élèves dignes de s'avancer sur les traces de leurs maîtres.

Jetons un coup d'œil sur les travaux variés de ces hommes qui devaient méditer au milieu des combats, et combattre au milieu des méditations.

L'institut d'Égypte, formé sur le beau modèle du premier institut de France, eut dans l'origine Monge pour président, et le général en chef pour vice-président. C'est ainsi qu'alors la puissance même cédait le pas à la science dans le temple des lumières. Les travaux de l'institut d'Égypte eurent un caractère particulier extrêmement remarquable.

Par la défaite de l'armée navale à Aboukir, l'armée de terre était privée de secours de toute espèce; d'armes, de munitions de guerre, de vêtements, d'ustensiles pour les usages de la vie et des arts. Voilà ce qu'il fallait créer avec des moyens faibles et des besoins immenses.

On renouvela donc en Égypte les prodiges qui fournirent à nos armées, dans le sein de la France, de quoi repousser les premières attaques des peuples coalisés contre nous. On avait bien plus de difficultés à vaincre; parce qu'il fallait, dans le même temps, créer les arts primordiaux qui donnent les moyens d'opérer, aussi-bien que les arts secondaires qui fournissent les produits immédiatement utiles à nos besoins. Éclairer, diriger en particulier chacun de ces travaux, lever les obstacles imprévus, trouver des ressources nouvelles : tel était l'objet des recherches isolées des membres de l'institut. Juger de ces efforts individuels, les rendre plus fructueux encore en les ramenant toujours vers un but unique; leur donner autorité par l'approbation née d'un examen raisonné : tel était l'objet des travaux de l'institut même, soit dans ses comités, soit dans ses séances générales. C'est en de semblables occurences que le génie de Monge imprimait aux esprits un grand mouvement par sa force entraînante, par la généralité, la grandeur de ses vues, par la fécondité et la solidité de ses ressources.

Qui le croirait! au milieu de ces immenses travaux, les savants français trouvaient encore quelques loisirs pour reculer les bornes des sciences les plus abstraites : c'est ainsi que Monge traitait des cas nouveaux et difficiles de la génération des surfaces (1), dans les intervalles de loisir que lui laissaient ses fonctions au Caire, et les excursions qu'il faisait sur divers points de l'Égypte. Chaque voyage était pour lui l'objet de quelque recherche nouvelle ou physique ou mathématique.

Il accompagna le général en chef dans le voyage que celui-ci fit à Suez, afin de voir s'il serait possible de rétablir, pour la marine, la communication de la Méditerranée avec les mers de l'Inde. Auprès de Suez, au débouché de la vallée de l'Égarement que les Hébreux paraissent avoir suivie pour se rendre au mont Sinaï lors de leur fuite d'Égypte, Monge a visité la célèbre fontaine de Moïse. Les sources de cette fontaine ont pour bassins isolés les cratères de huit monticules coniques, élevés à différentes hauteurs au-dessus du niveau d'une vaste plaine. Dans une explication ingénieuse, Monge fait connaître comment ces monticules sont exhaussés avec le temps, par la végétation naturellement produite autour de ces sources; et par l'accumulation, entre ces plantes, du sable des déserts, sans cesse apporté par les vents.

Monge a visité deux fois les pyramides; il a vu l'obélisque et les grandes murailles d'Héliopolis, étudié les débris d'antiquités

(1) M. Jollois possède encore une des feuilles d'analyse écrite de la main de Monge, et rédigée au Caire.

épars autour du Caire et d'Alexandrie. C'est par la contemplation de ces restes imposants qu'il a pu juger des vrais caractères
de l'architecture et des arts monumentaux de l'Égypte. Ces caractères sont restés profondément gravés dans son imagination.
Dix années après l'époque où il les avait conçus, il les développait encore avec l'abondance et la vivacité de pensées et
d'images du voyageur qui parlerait sur les lieux mêmes, après
la plus longue observation et la méditation la plus profonde. Dans
des entretiens qui resteront à jamais gravés dans ma pensée, il
développait à ses amis ses grandes vues sur l'état de l'ancienne
Égypte, sur ce qui caractérisait la perfection, la beauté des travaux de cette nation; sur les relations industrielles et commer-
ciales avec l'Inde et l'Europe, qui portèrent au plus haut degré
de splendeur la riche vallée du Nil; sur les changements que les
révolutions du monde ont fait subir à ces grandes communications, depuis quarante siècles; changements qui seuls ont fait
naître et tomber tour à tour, Thèbes, Troie, Tyr, Alexandrie,
Palmyre, Constantinople et Venise. Ainsi, Platon conversant
avec ses disciples, a pu faire briller sa sage éloquence, en redisant les grandes choses qu'il avait apprises aux bords du Nil
et du Gange.

Lorsque j'eus le bonheur d'entendre Monge exposer ses idées
sur ces événements et sur leurs causes (1), Lancret et Malus,
touts les deux membres de l'ancien institut d'Égypte, se trouvaient aussi chez notre maître commun. Je n'ai jamais revu les
deux disciples, et voilà que leur maître les suit dans le tombeau!
Qu'il me soit permis de jeter sur leurs cendres les dernières
fleurs de l'amitié. Lancret fut l'un des élèves de Monge les plus
actifs en Égypte. Il dirigea les travaux entrepris pour rendre

(1) Je passais alors de Hollande en Italie : c'était vers la fin de 1805.

navigable l'ancien canal d'Alexandrie au Caire. Il dessina dans
la haute et la basse Égypte, des monuments du premier ordre;
les décrivit ensuite avec élégance dans le style, et profondeur
dans la pensée : enfin, après la mort de Conté, c'est sur lui
que roulèrent les travaux d'exécution du grand ouvrage de la
description de l'Égypte (1). Il était d'ailleurs très-habile dans la
géométrie à trois dimensions. C'est en cela qu'il se rapprochait
de Malus qui plus heureux dans ses recherches, médita sur les
phénomènes de la nature, en saisit un fait grand et neuf dont il
donna la théorie mathématique, et prit rang parmi les inventeurs des sciences. Si des talents de ces deux hommes nous
passons à l'examen de leurs qualités morales, nous les trouve-
rons l'un et l'autre francs, justes, intègres; le premier avec des
formes plus douces, le second avec des dehors plus austères.
Touts deux, amis des sciences et de ceux qui les cultivent, ils
promettaient encore à la patrie d'utiles services et de nobles
exemples, lorsque la mort est venue les surprendre au milieu
de leur carrière traversée et laborieuse. Revenons aux travaux
du maître dont ils se sont montrés les dignes élèves, par leurs
talents et par leurs nobles qualités.

Dans les marches que l'armée d'Orient dut faire sur les con-
fins et dans l'intérieur du désert, l'œil trompé croyait voir
aux bornes de l'horizon, l'apparence de nappes limpides, semblables au cristal d'une eau pure et tranquille. Sous un climat
brûlant, où l'on manque d'eau dès qu'on s'éloigne de la vallée
du Nil, le soldat altéré s'abandonnait à l'ardeur de ses désirs ; il
s'avançait avec rapidité vers le lac qui lui promettait la fin de
ses souffrances. Mais l'aspect des eaux reculait devant lui, et il

---

(1) Après la mort de Lancret, c'est M. Jomard qui remplit immédiatement et remplit encore les mêmes fonctions.

ne reconnaissait son erreur que pour succomber de fatigue, et perdre à la fois la force avec l'espérance. Hélas ! telle est l'image des souhaits et des déceptions qui composent notre vie !

Quelle est la cause de cet étonnant phénomène, connu sous le nom de mirage ? c'est ce que Monge entreprit d'expliquer, et ce qu'il fit avec beaucoup de bonheur, dans un mémoire qui fait partie des travaux de l'institut d'Égypte.

Parlons maintenant des dangers dont étaient environnés les savants. Sans énumérer leurs excursions en des provinces lointaines, en des lieux exposés aux courses dévastatrices des Mamelouks et des Arabes, contentons-nous de citer un seul fait très-remarquable. Lors de la révolte du Caire, il n'y avait dans cette ville que quelques détachements de troupes, laissés plutôt pour maintenir l'apparence d'une police militaire, que pour défendre la place contre les habitants qu'on croyait fidèles alors. Tout à coup le peuple entier prend les armes, assassine les Français qu'il trouve sans défense, et menace touts nos établissements d'une imminente destruction. Pendant un long espace de temps, le palais de l'institut ne fut gardé et défendu que par les savants; ils délibérèrent d'abord, vu la faiblesse de leur nombre, s'ils ne l'abandonneraient pas pour se faire jour, les armes à la main, jusqu'au quartier général. Telle était l'opinion des plus jeunes et des plus impétueux. Mais Monge et Berthollet, songeant que le palais contenait les livres, les manuscrits, les plans et les antiquités, fruits ou moyens de l'expédition, sentirent que la conservation de ce précieux dépôt était le premier devoir des savants; ils se décidèrent à mourir s'il le fallait en défendant ces trésors. L'autorité chérie de ces deux hommes rallia toutes les volontés; elle sauva du pillage et de l'incendie les trésors scientifiques du Caire, trésors que les descendants d'Omar vouaient déjà dans leur pensée, à la même destruction que la bibliothèque d'Alexandrie.

Malgré tout l'attrait qu'ont les récits qui se rapportent à cette expédition d'Égypte, si grande par son objet et ses moyens, par ses revers et ses triomphes, par l'héroïsme et l'industrie, la patience et l'activité des Français; il faut quitter ce théâtre d'une gloire pour nous nationale, et revenir au sein de la patrie.

Monge avait suivi le général en chef partant pour renverser le gouvernement du Directoire exécutif. Il y avait entre le savant et le guerrier une amitié, fortifiée par le temps, jamais altérée par la fortune, et qui semblera difficile à croire aux hommes qui n'ont pas approfondi ce qu'il y eut de généreux, à certains égards, dans le caractère privé du tyran politique. Il y avait du côté de Monge un enthousiasme pour son héros, poussé jusqu'à l'aveuglement. Ce qu'il eût regardé comme le comble du despotisme en tout autre souverain, ne lui paraissait plus en Napoléon, qu'un indispensable retour à l'ordre, et à l'unité des volontés entre le prince et le peuple. Je suis loin de justifier une pareille erreur. Mais s'il en est une qui puisse être pardonnable, c'est à coup sûr celle que la sincérité des affections fait commettre à des âmes trop confiantes.

Disons aussi que Monge a constamment profité de l'intimité dans laquelle il vivait auprès du premier consul et de l'empereur, pour défendre les institutions utiles, les vues libérales, et les hommes de bien. Il ne fut pas toujours heureux dans ses efforts; mais il ne se lassa jamais; et cette noble persévérance obtiendra surtout les éloges de ceux qui savent quelle était, à la cour du nouveau potentat, et la terreur inspirée par le maître, et la servilité des courtisans : quittons ce vil spectacle pour revenir aux travaux de la science.

La réunion fraternelle des savants et des artistes sur les ruines de Thèbes ; les lumières inespérées qu'ils avaient trouvées dans la communication mutuelle de leurs travaux ; le riche ensemble de ces recherches ainsi rapprochées, firent naître la première idée de rapprocher pareillement les travaux entrepris par les Français, sur tous les points de l'Égypte, pour décrire la première des contrées classiques de l'ancien monde.

Cette pensée heureuse, rapportée en Europe par les savants qui revinrent avec les derniers restes de l'armée, fut avidement saisie par Monge et Berthollet; ils en devinrent aussitôt les apologistes et les protecteurs; grâces aux lumières de leurs conseils, à l'autorité de leur suffrage, à la chaleur de leur éloquente intercession; le premier consul en conçut l'importance, en admira la beauté. Il ordonna que l'on fît cette entreprise sur un plan dont la grandeur fût digne des monuments égyptiens et de la gloire française.

Monge présida la commission des sciences et des arts d'Égypte, lorsqu'elle fut de nouveau réunie pour exécuter ce travail gigantesque; il contribua puissamment par ses conseils à la sage conception du plan, à la coordonnance, à la proportion des parties principales, enfin aux moyens de perfectionner les arts d'exécution, dessin, lavis, ombre, perspective, gravure, etc. (1) : arts qui furent appliqués par des procédés souvent nouveaux, et avec toute la rigueur de la géométrie descriptive.

En 1814, on put craindre de voir abandonner pour jamais un ouvrage qui, payé par Napoléon, portait sur son frontis-

---

(1) Quant aux moyens pratiques d'exécution, c'est surtout à Conté que sont dûs ces perfectionnements ; de même qu'en Égypte, c'est à Conté qu'on a dû les grands travaux méchaniques des ateliers français. Peu d'hommes ont reçu de la nature un génie plus inventif; peu d'hommes ont été doués d'une aussi grande activité; enfin, peu d'hommes ont plus contribué à la gloire et au progrès de l'industrie française; et néanmoins peu d'hommes ont été moins récompensés de leurs utiles travaux.

pice : A NAPOLÉON LE GRAND. Mais le prince rappelé par la fortune sur le trône où siégèrent ses aïeux, s'éleva plus haut que ces considérations vulgaires. Il sentit que la gloire des sciences et des arts, consacrée par cet ouvrage, appartenait à la France tout entière, et par là devenait un des fleurons de la couronne française. Il accorda donc les moyens de poursuivre les travaux qu'on allait abandonner. Cette entreprise touche à sa fin, et bientôt la postérité pourra dire : « Il fut un prince » qui, plus jaloux d'achever un bel ouvrage, commencé sous les » auspices d'un redoutable ennemi, que d'arracher une dernière » palme aux trophées d'un sceptre brisé, a terminé de ses » mains le monument du génie, l'a rendu national, et, par cette » grandeur d'âme, en partage aujourd'hui la gloire. »

Lorsque Monge revint d'Égypte, il revit avec un amour paternel cette école qui florissait par les soins que lui-même avait pris pour en créer, pour en développer les germes. Sa voix se fit entendre de nouveau dans nos amphithéâtres, et vint y propager encore l'enthousiasme de la science.

Monge avait une manière inimitable d'exposer les vérités les plus abstraites, et de les rendre sensibles par le langage d'action. Il graduait avec un art qui n'appartient qu'aux inventeurs, la filiation des idées, depuis les principes les plus élémentaires, jusqu'aux plus profondes connaissances. Cependant, ce n'est qu'en combattant la nature qu'il avait pu devenir un excellent professeur. Il parlait difficilement et presqu'en bégayant ; il avait dans le discours une prosodie vicieuse qui lui faisait allonger à faux certaines syllabes, et précipiter les autres avec une étonnante rapidité. Mais, par combien d'avantages il compensait tous ces défauts !

Il était d'une haute stature, la force physique se montrait dans ses larges muscles, comme la force morale se peignait

dans son regard vaste et profond. Sa figure était large et rac-
courcie comme la face du lion. Ses yeux grands et vifs, étince-
laient sous d'épais sourcils noirs que surmontait un front large,
élevé, nuancé des ondulations qui marquent la haute capacité.
Cette grande physionomie était habituellement calme, et présentait alors l'aspect concentré de la méditation. Mais, lorsqu'il
parlait, on croyait tout à coup voir un autre homme ; tel que
l'Ulysse d'Homère, on eût dit qu'il grandissait aux yeux de ses
auditeurs ; un feu nouveau brillait tout à coup dans ses yeux ;
ses traits s'animaient, sa figure devenait inspirée ; elle semblait
apercevoir, en avant d'elle, les objets mêmes créés par l'imagination qui l'animait. Si Monge avait à dépeindre des formes
de l'étendue, idéales ou matérielles, il annonçait, il suivait du
regard ces formes au milieu de l'espace ; ses mains les dessi-
naient par leurs mouvements ingénieux ; elles indiquaient les
contours des objets comme s'ils eussent été palpables ; en fixaient
les limites, et ne les dépassaient jamais. Cette rare justesse dans
la peinture mimique des formes, cette vue supérieure et si nouvelle, cette attention profonde, et la chaleur d'un ensemble si
bien combiné de gestes, de regards et de paroles, absorbaient
à la fois par touts les organes des sens, l'attention des auditeurs. On craignait de faire le moindre mouvement dont le
bruit pût troubler le charme de cette étonnante harmonie ;
et l'on éprouvait tant de jouissance à voir uni le langage pitto-
resque de l'imagination aux explications méthodiques de la
raison, que le temps passé dans les efforts de la contention
d'esprit la plus soutenue, s'écoulait néanmoins, par un insensible et doux mouvement, qui faisait perdre le sentiment de sa
durée.

Ce que Monge avait de plus remarquable encore dans ses leçons, c'est que, malgré la forte attention qu'il donnait à son

sujet, son regard embrassait tout un vaste auditoire, et démêlait sur les figures même les plus éloignées, si ses préceptes s'offraient sous une forme facile, ou n'étaient plus que difficilement entendus. A peine voyait-il se peindre sur les physionomies, cette contention pénible de l'homme qui cesse de suivre le fil de la vérité, il s'arrêtait brusquement : il examinait dans sa pensée quel pas trop rapide il venait de faire, quelle route plus élémentaire il convenait de suivre ; et alors, avec une charmante bonhomie, il s'accusait de n'être plus assez intelligible ; il recommençait son explication, et présentait une méthode plus développée, plus facile et souvent plus élégante que la première.

Tel était Monge professant dans nos amphithéâtres. Avant et après ses leçons, il accueillait avec une bonté paternelle, et les élèves qui lui soumettaient leurs difficultés, et ceux qui lui présentaient leurs essais dans la carrière des recherches géométriques. Il jugeait ces essais moins sur leur valeur absolue que sur les indices de raison et d'imagination qu'ils pouvaient lui fournir. Il penchait toujours du côté de l'indulgence ; s'il montrait les erreurs de la route qu'on avait suivie, c'était uniquement pour qu'on les évitât à l'avenir. Il indiquait, avec les moyens de rectifier cette route, ceux qui lui semblaient les plus propres à en reculer les bornes. C'est ainsi que Monge accueillit mes premiers travaux ; c'est lui qui m'apprit à connaître combien est inspirant et sublime le plus simple éloge décerné par une illustre voix. Mon cœur palpite encore à la pensée de Monge encourageant, il y a dix-sept ans, avec sa bonté généreuse, les faibles efforts d'un jeune homme sans appui, sans prôneurs et sans recommandation.

Monge instruisant et dirigeant les élèves dans le sein de l'école, les défendait au dehors avec toute l'énergie d'un père qui plaide pour ses enfants. Il s'efforçait surtout de les justifier auprès d'une autorité ombrageuse parce qu'elle était tyrannique.

C'est un fait bien remarquable et digne de l'observation des hommes d'état, que de voir, depuis sa fondation, l'école polytechnique accusée constamment par l'autorité suprême, de porter dans son sein un esprit d'opposition à cette autorité ; accusée, après le 13 vendémiaire (1), d'être contraire au gouvernement de la Convention ; après le 18 fructidor (2), d'être contraire au gouvernement directorial ; après le 18 brumaire (3), d'être contraire au consulat, puis au despotisme impérial, qui marchaient sur des routes entièrement différentes du Directoire et de la Convention. Enfin, le gouvernement de 1815, entraîné par quelques hommes aveugles et passionnés, dans les mêmes soupçons et la même aversion que les régimes précédents, a cru devoir les surpasser contre l'école, en haine, en méfiance et en sévices, chasser tous les élèves (4), décimer les professeurs, détruire l'ancien édifice, et bâtir, comme au temps des révolutions, sur des décombres.

Comment donc est-il possible que cinq gouvernements consécutifs, si divergents dans leurs vues et leurs maximes, aient tous pensé que les élèves de la même école, fussent élevés par les mêmes hommes dans des idées et des principes constamment opposés à ces vues et à ces maximes si disparates entre elles ?

Cependant, j'en appelle au nombre immense d'élèves sortis de l'école polytechnique et répandus dans tous les rangs de la société, dans tous les services publics, dans toutes les branches de l'instruction, et jusque sur les degrés du ministère ! Ils peu-

(1) An IV.
(2) An V.
(3) An VIII.
(4) Les élèves qui combattirent, en 1814, sous les murs de Paris.

vent touts attester que, dans les leçons qu'ils ont reçues, jamais les professeurs n'ont mêlé les préceptes de la politique aux préceptes de la science. Quelle était donc la source de l'erreur des gouvernements qui ont précédé celui dont nous jouissons depuis le 5 septembre 1816? Ils tendaient touts plus ou moins au pouvoir arbitraire : touts auraient voulu voir dans l'instruction publique, des pépinières de Séides dévoués à la superstition du mahométisme politique; et parce qu'ils trouvaient des hommes qui, dans le feu généreux de leur virilité naissante, ne courbaient point assez bas des fronts que le joug n'avait pas domptés encore, ils en concluaient qu'on professait à cette jeunesse la résistance au despotisme, à la manière dont on professe des vérités physiques ou mathématiques : ils avaient tort.

Lorsqu'une école nombreuse bannira de ses cours toute idée politique, et se contentera de former la raison, de développer le jugement de ses élèves, par un rigoureux enchaînement de principes et de conséquences, il se formera dans l'esprit des néophytes une rectitude d'idées qui deviendra le guide forcé de leurs opinions futures. Ils auront appris sur des objets abstraits, à distinguer, à peser la vérité; il faudra bien qu'ils la distinguent et l'apprécient, quand elle leur sera présentée sous les formes sensibles et claires de la société. On ne pourra donc pas, avec la puissance du sophisme et le bandeau des grandeurs, maîtriser et aveugler des hommes ainsi formés. Ils marcheront, d'une vue sûre et d'un pas ferme, au milieu de la foule entraînée dans le tourbillon de l'erreur; et les gouvernements vulgaires, trompés par une fausse apparence, croiront que ces hommes remontent à dessein, contre eux, le torrent de la servitude.

Telle fut l'erreur du ministère de 1815, lorsqu'il renversa

l'ancienne école polytechnique, afin d'arracher jusqu'aux derniers germes de ce qu'il se figurait être l'esprit d'opposition des maîtres et des élèves de cet établissement.

Cette mesure fut une de celles qui portèrent le coup le plus sensible à la vieillesse de Monge ; il crut (et alors il pouvait croire) qu'on anéantissait pour jamais son plus bel ouvrage, celui par lequel il espérait si justement vivre dans les cœurs de la plus brillante élite des générations successives de la nation française.

Bientôt après, Monge fut frappé d'un autre coup auquel les forces épuisées de sa constance et de sa raison ne purent plus résister. Il fut rayé de la liste des membres de l'institut. Lui ! qui, possesseur d'une place inamovible aux termes d'une loi, ne pouvait, aux termes de la Charte, perdre cette place que par la volonté générale et formelle d'une loi ; il fut expulsé de l'académie des sciences, Lui ! qui, suivant *le texte formel* de l'ordonnance royale, devait reprendre son rang dans le nouvel institut, comme membre de l'ancienne académie royale des sciences (1).

Ainsi, l'on ne craignit pas d'outrager les cheveux blancs d'un vieillard de soixante-dix ans, qui comptait deux mille élèves formés pour la France, dans les carrières de la science, des arts civils et des arts militaires ; on dégrada du titre d'académicien un géomètre dont les écrits restent pour la postérité, comme un titre de gloire de notre siècle.

Un ministère d'une année, pensant asseoir sur des débris l'immuable édifice de son inconséquence, portait ainsi sa main

---

(1) Article 20. Les anciens honoraires et les *académiciens*, tant de l'académie royale *des sciences* que de l'académie des inscriptions et belles-lettres, seront DE DROIT académiciens libres de l'académie à laquelle *ils ont appartenu.* (*Ordonnance concernant la nouvelle organisation de l'Institut.*)

sur les lauriers que le talent avait cueillis pour la science et pour la patrie!.... Mais déjà le pouvoir éphémère est descendu dans l'oubli; et les gloires qu'on croyait à jamais obscurcies, sortent de leurs nuages : elles répandent leurs rayons plus brillants et plus purs que jamais.

Cependant, à la funeste époque des subversions, aucun écrivain courageux ne fit entendre ses réclamations. Il sembla que les hommes qui s'étaient tant de fois illustrés par une rare énergie, frappés de stupeur et de honte, ne trouvassent, pour marquer leur désapprobation, d'autre voix que celle du silence.

Enfants du génie, soyez les sujets fidèles de la loi; montrez-vous en exemple pour l'obéissance que lui doivent les plus grands et les moindres citoyens. Payez largement au prince votre dette de services et de fidélité; mais pour le servir dignement, soyez les défenseurs et les vengeurs des vérités utiles à la patrie. Voilà votre vertu. Que craignez-vous du pouvoir, même au temps passager du despotisme? Enfants du génie, vous tenez en vos mains le glaive de l'histoire et les foudres de l'éloquence, et vous tremblez! C'est par vos écrits que la vertu peut vivre dans sa gloire, et que le crime ne peut pas mourir dans sa honte, et vous tremblez! C'est par vos chefs-d'œuvre que les traits des héros et des grands hommes, des monstres et des tyrans sont transmis fidèlement aux âges à venir, et vous tremblez! Connaissez donc enfin votre puissance. Quittez l'attitude du client et du suppliant. Soyez juges, et remontez sur votre tribunal, pour y décerner les palmes de l'honneur aux belles actions, et les flétrissures de l'opprobre aux vices, à l'oppression et aux forfaits.

Hommes supérieurs, osez le dire, la gloire du génie est la plus personnelle des gloires; elle ne peut vous être enlevée comme les richesses, et les emplois, et les faveurs. Quand cette gloire est une fois justement proclamée par le corps entier des grands talents d'un vaste empire, sa durée ne dépend plus de l'insertion sur une liste, ou de l'omission d'un nom devenu le patrimoine de la renommée.

Déplorons donc l'exécution d'une mesure dont, vingt ans auparavant, le directoire exécutif avait donné l'exemple, dans les actes arbitraires qui suivirent la journée du 18 fructidor. Le directoire commit la faute de rayer des listes de l'institut les savants, les littérateurs et les artistes qu'il venait de déporter à Sinamary : et, à la rigueur, il le pouvait, puisque ces membres n'étaient plus résidents. Mais, s'il les fit remplacer, ce fut par le libre suffrage des membres conservés. Enfin, le directoire n'étendit cette mesure qu'aux seuls proscrits; et, quoiqu'il eût parmi les membres restants, des ennemis déclarés, il ne viola point la loi pour s'en défaire.

Voilà ce que les vrais amis du gouvernement auraient dû lui dire; voilà ce qu'ils doivent lui dire sur-tout à présent que sa marche réparatrice et bienfaisante cicatrise chaque jour une des plaies profondes faites au cœur de la France, à cette époque fatale où l'on décima l'institut, où l'on expulsa Monge et quelques autres membres auxquels on permet de rentrer maintenant (1).

Hélas! si Monge avait été moins affaibli par les années; s'il avait été moins victime d'une imagination qui, suivant les temps adverses ou propices, l'emportait au-delà des justes craintes comme au-delà des justes espérances, il aurait supporté l'affront passager qui ne pouvait l'atteindre; peut-être eût-il repris actuellement, au milieu de ses collègues, la place même qu'on a daigné me donner? et mon maître ensuite m'eût tendu ses bras amis pour me placer à ses côtés.

_____

(1) C'est ainsi que le savant Monges vient d'être renommé à l'académie des inscriptions et belles-lettres; c'est ainsi que bientôt sans doute le seront Grégoire, Garat, et quelques autres également célèbres par leurs talents divers.

C'est dans la douleur que se sont éteintes les dernières clartés de son talent, de son imagination et de sa mémoire; et, lorsque je l'ai revu pour la dernière fois, quatre mois avant le terme de sa vie, ses mains pressées dans les miennes n'étaient plus même sensibles au serrement de l'amitié, il regardait mes pleurs avec indifférence.

Ainsi les derniers moments de Monge ont été sans dernières pensées, sans derniers épanchements, et sans derniers adieux. Il n'a pas pu, comme Lagrange, déposer dans le sein de ses amis, des souvenirs précieux, des vues éminemment utiles et des vérités profondes : ces lumières, fruits des beaux jours de ses méditations, étaient descendues avant lui dans le tombeau. Il s'est éteint dans le silence, sans angoisses, sans terreurs et sans espérances, étranger d'avance à sa dépouille mortelle et à sa gloire impérissable.

A peine, dans ces feuilles consacrées à recueillir jusqu'aux moindres événements, une ligne indifférente a-t-elle annoncé que Monge était inhumé dans un recoin des sépultures du vulgaire. C'est ainsi que la patrie a su qu'elle venait de perdre un de ses plus beaux génies.

Par quel deuil et par quels hommages la France a-t-elle payé le tribut national de sa reconnaissance aux hommes qui l'ont illustrée et servie? Voilà ce qu'à chaque génération les peuples étonnés se demandent entre eux, et ce qu'ils nous demandent avec dédain. Qu'avons-nous à leur répondre ?....

Où est, comme à Londres, notre abbaye de Westminster pour nos Milton, nos Reynold et nos Newton? Où est, comme à Florence, notre temple de Sainte-Croix pour nos Alfieri, nos Michel-Ange et nos Galilée? Un panthéon majestueux, ouvert par la patrie reconnaissante aux mânes de ses grands hommes, profané dès son inauguration par le cadavre des scélérats, et plus tard avili par la dépouille des valets titrés du despotisme, a perdu pour jamais peut-être sa destination sublime. Un sanctuaire plus modeste (1) restait à nos hommes illustres, au sein d'un musée français, et cet asyle n'est plus !

Mais, dans l'humble cimetière où notre récente ingratitude à relégué les dépouilles des Molière et des La Fontaine, quel grand et consolant spectacle pouvaient encore présenter les funérailles de Monge ! Qu'il eût été noble et magnanime de voir alors, formant un pieux et vaste cortége, les commandants, les professeurs et les élèves de l'école dont il fut le père, apporter à sa tombe et à sa mémoire le tribut si juste, si sacré de leurs larmes, de leurs regrets et de leurs bénédictions, et choisissant, comme aux beaux temps d'Athènes, le jour même des obsèques pour le ministère éloquent des éloges, célébrer, à côté des travaux du maître, les travaux et les combats de tous ses élèves déjà morts en décorant, en défendant, en illustrant la patrie !

La régularité ponctuelle du service n'a pas permis qu'une jeunesse généreuse vînt, à l'heure des funérailles, déposer la palme de la reconnaissance et des regrets sur la tombe de leur premier bienfaiteur. Leurs cœurs seuls ont accompagné ses obsèques. Mais, dès l'aurore qui suivit le jour des derniers devoirs, les élèves s'acheminèrent en silence vers le lieu de la sépulture. Arrivés auprès de la fosse où le conservateur leur apprit qu'étaient cachés les restes du grand homme, ils y plantèrent un rameau de chêne auquel ils suspendirent une couronne de laurier (2). Avec une douleur et une piété filiales, ils s'agenouillèrent autour de ce modeste trophée, répandirent des pleurs sur

_____

(1) Le Musée des monuments français.

(2) Cette scène attendrissante, et qui fait si bien l'éloge des élèves de la nouvelle école Polytechnique, vient d'être rendue avec beaucoup de bonheur et de talent

celui qui fut à la fois bon et illustre; et ne firent son éloge qu'en
se redisant l'un à l'autre, sans art et sans apprêt, avec l'effusion
de la nature affligée, les beaux traits du bien qu'il avait fait
pendant sa vie, et la grandeur des monuments qu'il a laissés
pour immortaliser sa mémoire.

Cependant, si les derniers honneurs rendus à Monge ont
manqué de leur plus touchant ornement, ils n'ont pas été sans
gloire et sans splendeur. Les anciens officiers de tous les travaux publics, en résidence à Paris; les élèves de Monge, membres de l'institut et professeurs des écoles : enfin les Nestor des
sciences mathématiques et physiques, les Delambre, les Legendre et les Laplace, les Vauquelin, les Chaptal et les Berthollet, représentant, par leurs travaux plus encore que par
leur âge, deux gloires de la France et deux talents de Monge,
vinrent par leur présence honorer leur caractère et les obsèques
de leur ancien émule. Berthollet, dans un discours dont l'éloquence part de l'âme, avec la simplicité vénérable de ses paroles
et de ses cheveux blancs, adressant à l'ami de tant d'années les
derniers restes d'une voix qui tombe et d'une ardeur qui s'éteint,
rappela la grandeur attendrissante de l'orateur immortel, pleu-
rant sur la perte du plus fameux et du meilleur de ses amis.

Nous avons tous entendu ta belle invocation, ô Berthollet,
qui nous portas aussi dans ton cœur, et qui nous chéris encore;
et nos âmes tressaillantes ont répondu à l'élan de la tienne,
lorsqu'en ces mots tu t'es rendu l'interprète de notre amour et
de notre douleur.

« O vous qui êtes sortis de cette école célèbre, si vous étiez
rassemblés autour de cette tombe, combien vous mêleriez de

---

quant à la disposition des groupes et l'effet du paysage, dans un dessin lithographié,
de MM. Comte et Chapuis, anciens élèves.

regrets aux nôtres ! Avec quelle sensibilité vous rappelleriez l'enthousiasme que Monge vous inspira pour les sciences et pour la gloire de votre pays ! En quelque lieu que vous soyez, vous pleurerez sur celui qui contribua si puissamment à vos progrès, et qui imprima à votre jeunesse tant de reconnaissance et de vénération pour ses travaux et ses bienfaits (1). »

(1) Voyez à la fin de cet Essai les détails sur le projet d'un monument à ériger en honneur de Monge, par les élèves de l'école polytechnique.

SECONDE PARTIE.

Monge, étudiant dans un collége de province les éléments de mathématiques tels qu'on les enseignait à la suite d'un cours d'humanités, il y a soixante ans, n'a trouvé que de bien faibles secours dans le savoir de ses maîtres. Il n'a reçu d'eux que l'enchaînement matériel des principes les plus simples de l'arithmétique, de l'algèbre et de la géométrie. Il a dû s'élever par lui-même à la connaissance de l'esprit des mathématiques, deviner la route qui pouvait le conduire à des vérités nouvelles. Si Monge ne s'était pas trouvé par la force des circonstances, jusqu'à l'âge de trente-quatre ans, éloigné des hommes qui tenaient le premier rang dans la philosophie naturelle, ces hommes qui possédaient l'ensemble des découvertes auxquelles ils prenaient une si grande part, lui eussent tracé la démarcation entre les domaines exploités déjà, et les champs qui restaient encore à défricher. Un tel service aurait été d'autant plus grand pour Monge, qu'il ne pouvait s'astreindre à suivre, par la lecture, les progrès de la science; il aimait mieux découvrir péniblement une vérité connue, que d'en suivre pas à pas le développement dans un ouvrage déjà publié. C'était un robuste nageur qui, pour faire briller sa force, se plaisait à fendre des eaux dormantes, afin de ne rien devoir au secours de leur vitesse; tandis que ses émules s'avançaient portés par le courant d'un fleuve qu'ils trouvaient à chaque instant, et plus large, et plus rapide.

Monge avait d'ailleurs le défaut de ne pas aimer à confier au papier le fruit de ses méditations. On eût dit que les hautes vérités de la science n'étaient l'objet de ses recherches que pour le plaisir de s'élever jusqu'à elles, et de les contempler dans leur grandeur. L'ambition de la renommée, si puissante sur les jeunes et fortes âmes, a pu seule, dans les premiers temps, vaincre sa répugnance à donner au public le résultat de ses travaux. A mesure que sa réputation s'est formée, il est devenu moins empressé de faire connaître ses découvertes, et plusieurs de ses écrits les plus importants n'ont paru que dix années après l'époque où il les avait portés au dernier point de la maturité.

Dans le mouvement général et rapide des sciences mathématiques et physiques, à l'époque où les Lavoisier et les Cavendish, les Euler et les d'Alembert, les Lagrange et les Laplace marchaient à l'envi vers des découvertes nouvelles, il arrivait donc souvent que Monge voyait les recherches qui l'occupaient, tentées par d'autres qui le devançaient dans la publication, et jouissaient seuls d'une gloire qu'il eût dû partager, et qu'il revendiquait à peine.

Pour bien juger de la force et de l'étendue du talent de Monge, il faut exposer dans leur ensemble toutes les vérités auxquelles il s'est élevé de lui-même, et lui en faire honneur, lors même que d'autres seraient en droit de revendiquer cet honneur comme étant les premiers par la date de leurs recherches, ou comme ayant avant lui fait jouir le monde savant des bienfaits de la découverte.

Cependant, pour rendre justice aux inventeurs qui l'ont devancé, accompagné ou suivi dans la carrière, j'aurais voulu pouvoir montrer dans son ensemble, l'enchaînement de ces recherches et de ces découvertes.

Si la publication de mon ouvrage sur les travaux publics de la Grande-Bretagne avait pu me laisser assez de loisirs pour embrasser, dès à présent, l'ensemble des productions originales qui se rapportent à la nouvelle géométrie, j'aurais voulu, depuis Descartes jusqu'aux géomètres de nos jours, suivre les progrès de la science, et en offrir l'historique. J'aurais voulu montrer la part que les Clairaut, les Euler, les d'Alembert, les Lagrange, les Laplace et les Legendre ont eue au perfectionnement de la géométrie, par leurs recherches analytiques ou synthétiques; enfin, j'aurais essayé de montrer l'influence de ce perfectionnement sur les progrès et la lucidité de la méchanique et des sciences physico-mathématiques. Tel est l'ouvrage que je désirerais d'entreprendre et que j'entreprendrai, s'il n'est pas au-dessus de mes forces, lorsque j'aurai terminé les travaux qui me sont commandés par les devoirs de mon état.

GÉOMÉTRIE PURE ET DESCRIPTIVE.

Les opérations régulières qu'il faut effectuer sur des corps de forme quelconque, dépendent presque toujours essentiellement de la figure de ces corps, à laquelle il faut du moins que ces opérations soient adaptées. Ainsi touts les tracés des fortifications, faits sur le terrain, dépendent de la configuration de ce terrain, et doivent varier avec elle. Les opérations défensives d'une place dépendent elles-mêmes de la forme de ses fortifications. Je pourrais citer mille autres exemples de cette connexion intime entre la figure des ouvrages de l'art ou de la nature, et les résultats que l'homme veut obtenir en opérant sur ces ouvrages.

Dans beaucoup de cas particuliers et à mesure du besoin, on a cherché des moyens plus ou moins directs, plus ou moins rigoureux, pour adapter ainsi les opérations de l'art aux formes des objets. Mais, avant Monge, on n'avait pas conçu l'idée d'embrasser d'une manière générale les moyens de définir la figure des corps; et d'en conclure des méthodes uniformes, pour déduire de cette figure primitive et donnée, d'autres formes commandées par les besoins des arts. Tel est le but de la géométrie descriptive, science dont il faut ici développer les avantages.

La géométrie descriptive, considérée dans sa plus stricte acception, n'est qu'un art, et qu'un ensemble de méthodes pour représenter suivant certaines conventions tout ce qui caractérise la figure des corps et les relations de leurs formes. La géométrie

descriptive est une langue imitative, qui a le double avantage
de peindre et de parler aux yeux.

Mais il est une géométrie générale et purement rationnelle
dont la géométrie descriptive n'est que la traduction graphique.
C'est cette géométrie générale à laquelle il faut sur-tout former
son esprit pour en bien appliquer les considérations et les préceptes. Il faut pouvoir se représenter dans l'espace les formes des
corps, et combiner idéalement ces formes par la seule puissance
de l'imagination. L'esprit apprend à voir intérieurement et avec
une parfaite netteté, des lignes et des surfaces individuelles,
des familles de lignes et de surfaces; il acquiert le sentiment du
caractère de ces familles et de ces individus; il n'apprend pas
seulement à les voir isolément ou par groupes analogues; il les
rapproche, les combine, et prévoit les résultats de leurs intersections, de leurs contacts plus ou moins intimes, etc.

Ainsi, la nouvelle géométrie fortifie éminemment l'imagination; elle apprend à saisir rapidement et avec une grande précision, un vaste ensemble de formes; à juger de leurs analo-
gies et de leurs différences, de leurs rapports de position et de
grandeur.

Elle assure à l'ingénieur militaire ce coup d'œil qui fait saisir,
à la vue d'un terrain varié, la loi générale de ses formes principales, et ce que ces formes présentent de favorable ou de
défavorable aux opérations de la guerre.

Elle donne à l'ingénieur des ponts et chaussées cette sûreté
de vue qui, dans les enchaînements des montagnes et des vallées, fait pressentir les grandes directions les plus propres
au tracé des routes et des canaux; fait éviter ainsi des tâtonnements immenses, et ne laisse plus aux opérations graphiques
qu'un terrain très-limité, sur lequel il devient facile de déterminer les meilleures directions partielles à suivre dans la di-

rection générale, découverte par le coup d'œil géométrique.

C'est cette grande manière de considérer les formes de la nature, qui a fait trouver aux élèves de Monge, Brisson et Dupuis-Torcy, leurs ingénieuses limites des points les plus hauts et les plus bas des croupes de montagnes et du fond des vallées : ces lignes de *Faîtes* et de *Thalwegs*, tracées sur les cartes topographiques, sont des repères précieux pour beaucoup d'opérations importantes : par exemple pour la recherche des points de partage des canaux (1).

Les travaux des mines exigent une géométrie souterraine, où la science seule doit guider, à défaut de la vue. Les travaux des constructions navales présentent à leur tour dans le tracé des formes des vaisseaux, et dans les propriétés de ces corps flottants, des applications géométriques dont les conséquences sont du plus haut intérêt.

Après avoir fait connaître, par ces considérations, quelle est l'importance de la nouvelle géométrie, nous allons présenter l'analyse rapide de l'ouvrage de Monge, connu sous le nom de Géométrie descriptive.

Le premier objet de cette science est de représenter, sur des feuilles de dessin à deux dimensions, tous les corps de la nature qui ont trois dimensions. Le second objet est de déduire d'une telle représentation, tous les rapports mathématiques résultant de la forme et de la position de ces corps.

Comment représenter un point, une ligne, une surface ?

Telle est la première question que Monge se propose. Il la résout sans paraître savoir d'avance où il veut arriver, et en se laissant guider par l'analogie naturelle qui nous fait rapporter

---

(1) Journal de l'école polytechnique, tom. VII, 14°. cahier. (Essai sur l'art de projeter les canaux de navigation.)

nos mesures aux bases les plus simples en elles-mêmes, dans l'espoir d'opérer ces mesures par des voies qui soient aussi les plus simples possibles.

Monge fait voir comment, ici, les moyens qui semblent au premier abord devoir être les plus élémentaires, seraient en effet les plus compliqués.

C'est ainsi qu'il ne faut rapporter les distances qu'on veut mesurer dans l'espace, ni à des points fixes, ni à des lignes droites ; mais à des plans perpendiculaires entre eux : telle est la méthode des projections orthographiques.

On doit citer comme un modèle, pour la gradation des idées et leur développement lumineux, les pages où Monge expose ces tentatives de la science, pour arriver à la connaissance du système de projections le plus parfait.

D'après ce système, lorsqu'on veut représenter un point quelconque de l'espace, on mène de ce point une perpendiculaire à chacun des plans de projection ; le point du plan où tombe cette perpendiculaire est la projection du point proposé.

Si, dans l'espace, des points contigus forment une ligne, leurs projections pareillement contiguës formeront de même une ligne ; ce sera la projection de la ligne donnée.

Deux projections seulement suffisent à la détermination d'un point quelconque, et par conséquent à la détermination d'une courbe quelconque, soit à simple, soit à double courbure.

On ne peut plus employer le même mode de représentation pour une surface ; car les points contigus de cette surface couvrant sur chaque plan de projection une aire continue, rien n'indique alors que tel point de la projection sur un premier plan, correspond à tel point plutôt qu'à tel autre sur un second plan de projection, et par conséquent aussi dans l'espace.

On a vu dans la première partie que Monge, en expliquant
à M. Lacroix les théories de l'analyse appliquée à la géométrie,
s'était interdit de lui exposer les méthodes graphiques de la
géométrie descriptive. Cette réserve piqua la curiosité d'un
élève épris d'un ardent amour de la science. M. Lacroix tenta
de traduire l'analyse appliquée en géométrie pure, et prit dès
lors une idée nette de l'esprit et des avantages de la méthode
des projections; il s'appliqua, par cette méthode, à résoudre
les questions qui forment la base de la géométrie descriptive.
Le résultat de ce travail fut le traité sur les plans et les surfaces
courbes, que nous venons de citer.

M. Hachette, élève de Monge, son adjoint à l'école normale
d'abord, ensuite à l'école polytechnique, et enfin professeur de
géométrie descriptive dans ce dernier établissement, est auteur
d'un supplément à la Géométrie descriptive (1). Ce supplément
offre l'explication de plusieurs questions dont les épures sont données dans le cours d'instruction de l'école polytechnique; des considérations générales sur les surfaces, tirées des feuilles d'analyse
ou des mémoires de Monge ; l'exposition des théorèmes trouvés
sur le contact des sphères, et dont nous avons déjà parlé, etc. (2).

Depuis l'époque où ce supplément a paru, M. Gaultier,

(1) Nous citerons avec d'autant plus de plaisir et de détail les travaux de ce professeur, qu'il a justement à se plaindre aujourd'hui de la fortune et des hommes. Après
trente années de service rendus à l'enseignement, il s'est vu tout à coup écarté de
l'école polytechnique, par l'effet d'une organisation nouvelle; et, cela, sans qu'on ait
daigné lui payer la dette de ses services : il n'a pas obtenu la moindre retraite.

(2) M. Vallée, ancien élève de l'école polytechnique, ingénieur des ponts et
chaussées, a présenté cette année, à l'académie des sciences, le manuscrit d'un traité
de géométrie descriptive, où il a compris tout ce que les travaux de Monge et la
tradition de l'école polytechnique offrent d'important dans ce genre ; son ouvrage a
reçu l'approbation de l'académie d'après un rapport de M. Arago. Ce rapport fait
désirer aux amis de la géométrie de voir l'ouvrage de M. Vallée mis au jour le plus
tôt possible.

ancien élève de l'école polytechnique et professeur de géométrie descriptive au Conservatoire des arts et métiers, a présenté à l'institut de France un mémoire (1) dans lequel il considère, sous un jour entièrement nouveau, les problèmes qui se rapportent à ce contact des sphères ou des cercles : il développe un moyen général de solution qui le conduit à la connaissance de plusieurs propriétés intéressantes de l'étendue.

M. Hachette a publié, sous le titre d'éléments de géométrie à trois dimensions (2), un résumé des connaissances géométriques dont nous avons ici fait l'analyse; il y donne la solution de plusieurs problèmes relatifs à la courbure des lignes courbes. Il présente, sur les contacts des surfaces gauches, un théorème immédiatement dérivé des principes exposés par Monge sur la génération des surfaces par osculations; il se sert de ce théorème pour déterminer la grandeur et la direction de la courbure des lignes à double courbure. Ce moyen est rigoureux, mais trop compliqué : on a donné, pour les questions de ce genre, des solutions plus faciles et plus simples.

On a dit avec une affectation remarquable dans le Bulletin de la société philomathique (3), dans le Moniteur et même à l'Institut, que M. Hachette avait le premier résolu les questions de ce genre, non-seulement pour les lignes, mais encore pour les surfaces. Une note écrite en 1816, qui ne put pas être insérée dans le Bulletin de la société philomathique, mais qui parut dans les Annales de mathématiques (4), a démontré l'erreur de

---

(1) Ce mémoire a paru dans le Journal de l'école polytechnique, tom. IX, 16ᵉ. cahier, pag. 124. 1813.

(2) Un vol. in-8°. *Paris*, 1817.

(3) Bulletin de la société philomathique, 1816 ,page 89.

(4) Annales de mathématiques publiées par M. Gergonne.

Après avoir combiné la ligne droite et le plan avec les surfaces courbes, il faut combiner ces surfaces entre elles.

L'opération qui s'offre la première est celle de déterminer leur intersection lorsqu'elles se rencontrent. C'est ici qu'on retrouve l'avantage de bien connaître les diverses générations des familles de surfaces, pour combiner ces générations de manière à construire les projections de la courbe d'intersection par les moyens les plus simples et les plus élégants. Monge en offre des exemples très-remarquables. Il donne aussi le moyen de déterminer les tangentes de cette courbe d'intersection, et toutes les circonstances essentielles de son cours. Il applique ensuite ces méthodes à des questions d'une utilité variée qui répandent sur elles un grand intérêt. Il s'étend particulièrement sur l'application aux opérations topographiques, où l'on observe des points placés à diverses hauteurs et non dans le même plan.

De même qu'on peut demander de trouver des plans tangents à des surfaces courbes, de même aussi peut-on demander de trouver, suivant certaines lois, des surfaces courbes tangentes à d'autres surfaces, et qui de la sorte aient avec elles un contact du premier ordre, non-seulement en un point, mais dans toute l'étendue d'une ligne courbe.

C'est ainsi que Monge donne le moyen de circonscrire, à une surface quelconque, un cylindre dont l'arête est donnée de direction; un cône dont le sommet est connu; une surface de révolution dont l'axe est déterminé, etc.

D'autres questions non moins intéressantes pour les arts, mais que Monge, regardant comme trop compliquées pour la simple géométrie descriptive, n'a pas cru devoir approfondir dans son ouvrage, sont celles où il s'agit de déterminer, suivant certaines lois, des surfaces qui ont avec d'autres des contacts du second ordre.

C'est ce qu'on a tâché de faire dans un ouvrage qui fait suite à la Géométrie descriptive et à la Géométrie analytique de Monge, et qui parut en 1813, sous les auspices de ce grand géomètre (1).

On y donne les moyens de déterminer graphiquement des surfaces du second degré qui aient avec des surfaces quelconques, en un point donné, un contact du second ordre. On y fait voir comment, par ce contact, les propriétés spéciales des surfaces du second degré se transforment en propriétés générales de la courbure des surfaces ; comment on peut, à partir d'un point donné, faire varier la forme des surfaces, sans qu'elles cessent pour cela d'avoir en ce point un contact du second, du troisième, etc., ordres, avec une surface primitive invariable.

Monge termine son ouvrage par des considérations générales sur les deux courbures des surfaces, ainsi que sur la courbure et le développement des lignes à double courbure. MM. Fourier et Lancret ont poussé plus loin ces dernières considérations. M. Lancret a présenté les théorèmes nouveaux, résultat de ces recherches, dans un mémoire qui fait partie de la collection des savants étrangers de l'Institut de France.

A l'époque où Monge donnait ses leçons de géométrie descriptive à l'école normale, M. Lacroix, qui lui était adjoint pour l'enseignement de cette science, reprenant les solutions qu'il avait trouvées et rédigées auparavant, les publiait d'abord sous le titre d'Essai sur les plans et les surfaces (2), et ensuite sous le titre de Complément des éléments de géométrie, comme faisant partie de son cours de mathématiques aux écoles centrales.

---

(1) Développements de Géométrie.

(2) Un vol in-8°. Paris, 1795.

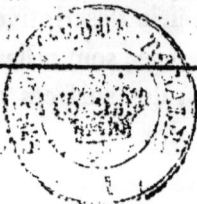

Si l'on conçoit que la surface à représenter soit couverte d'un système de lignes qui se succèdent suivant une loi déterminée; puis, qu'on projette ces lignes sur les deux plans de projection, en marquant la correspondance de l'une et de l'autre projection; alors les projections de chaque point de la surface seront liées par une dépendance évidente, et la surface sera rigoureusement et complétement représentée.

Quelques surfaces élémentaires peuvent être représentées par des moyens beaucoup plus simples. Le plan, par exemple, est complétement défini par les lignes droites suivant lesquelles il coupe les deux plans de projection : ces lignes sont ce qu'on appelle *les traces* de ce plan.

Une sphère est complétement définie par les deux projections de son centre, et par le grand cercle qui limite la projection de ses points.

Un cylindre est déterminé par son intersection ou sa *trace* sur un des plans de projection, et par les deux projections d'une seule de ses arêtes.

Un cône est déterminé par sa trace sur un des plans de projection, et par les deux projections de son centre, etc.

On voit déjà que l'art de ramener la génération des surfaces courbes aux éléments les plus simples, et qui fournissent les constructions les plus rapides et les plus élégantes pour obtenir tel point qu'on veut de ces surfaces, cet art, disons-nous, doit former une des recherches les plus utiles et les plus intéressantes, dans la science de la géométrie descriptive.

Après avoir considéré les points, les lignes et les surfaces dans leur représentation isolée, il faut les considérer dans les rapports de leur position.

C'est ce que Monge fait d'abord pour des points comparés dans leur position à des lignes droites et des plans, 1°. paral-

lèles entre eux, 2°. perpendiculaires, 3°. obliques. Dans ce dernier cas il détermine la grandeur de leur inclinaison, dans le
premier il détermine leur distance.

Monge traite ensuite des lignes et des plans qui ont des positions remarquables par rapport aux surfaces courbes ; les plus
importants de ces plans et de ces lignes sont les plans tangents
et les normales. Il donne des méthodes graphiques pour déterminer les traces des plans tangents et les projections normales,
à la surface cylindrique, à la surface conique, à la surface de
révolution ; et il le fait, 1°. en supposant que le point par lequel
doit passer la normale et le plan tangent soient donnés sur la
surface ; 2°. en supposant qu'on se donne, hors de la surface,
un point de la normale et deux du plan tangent.

À la suite de ces recherches générales, Monge s'occupe spécialement des plans tangents à une, ou à deux, ou à trois sphères. A ce sujet il fait connaître plusieurs propriétés de l'étendue
fort remarquables.

Les premiers élèves de l'école polytechnique s'étaient proposé
d'étendre ces moyens de solution, à la question plus compliquée de déterminer les sphères tangentes à deux, à trois, ou à
quatre autres sphères (1). Ils retrouvèrent à ce sujet des théorèmes importants, en partie découverts par Fermat près de
deux siècles auparavant ; ils leur donnèrent une extension nouvelle. Quelques années après on a repris la même question, en
ajoutant à ces principes plusieurs vérités qui parurent à Monge
mériter l'attention des géomètres : telle est entre autres la description générale des courbes du second degré, d'une infinité de ma-
nières équivalentes, au moyen de trois rayons vecteurs, etc. (2)

(1) Correspondance polytechnique, t. I ; n°. 2, p. 17.

(2) Correspondance polytechnique, tome II, p. 420; Mémoire sur la sphère
tangente à trois ou à quatre autres.

ces assertions qu'on n'aurait pas dû reproduire en 1817 et en 1818, avec le même degré d'assurance.

M. Hachette a rendu d'utiles services à la géométrie, comme éditeur de la Géométrie descriptive de Monge, imprimée pendant que ce savant était en Égypte; et surtout comme rédacteur de l'écrit périodique publié sous le titre de Correspondance polytechnique. Cet ouvrage paraissait par numéros, d'un prix modique, à des époques beaucoup moins éloignées que les cahiers du Journal de l'école polytechnique. Par son format, il permettait d'y mettre à côté de l'extrait d'écrits importants, des recherches utiles en elles-mêmes, mais point assez marquantes pour entrer dans les grandes collections scientifiques. Cet ouvrage, redisons-le, mérite à son auteur la reconnaissance des amis de la géométrie; il a, pendant douze années, offert aux anciens et aux nouveaux élèves de l'école polytechnique, un moyen de publier les résultats de leurs recherches mathématiques; il a, pour plusieurs, été l'occasion de travaux auxquels ils n'auraient pas songé à se livrer, sans l'espoir de les voir prochainement offerts au public. La Correspondance polytechnique renferme en outre des travaux nombreux et variés sur les sciences physiques et chimiques. Enfin, elle offre sur les services des anciens élèves de l'école polytechnique, une foule de renseignements qui deviendront avec le temps d'un intérêt toujours plus grand.

Parmi les recherches que les élèves et les professeurs de l'école polytechnique ont consignées dans le Journal et dans la Correspondance polytechniques, il faut considérer ici spécialement les travaux dûs à Monge.

Nous indiquerons, en premier lieu, sa démonstration d'un beau théorème, qui est la clef du changement des coordonnées rectangulaires. Cette démonstration mérite d'être distinguée, indépendamment de son mérite intrinsèque, parce qu'elle est un exemple de cet amour pour la science, qui ne quittait jamais l'illustre professeur : il a donné cette démonstration dans un des courts instants de loisir que lui laissaient, à Rome, la recherche et l'envoi des monuments des arts.

Nous citerons, ensuite, des considérations remarquables par leur originalité, 1°. sur la pyramide triangulaire circonscrite par un parallélipipède dont les six faces ont respectivement pour une de leurs diagonales les six arêtes de la pyramide; 2°. sur la pyramide conjuguée, formée par les six autres diagonales; 3°. enfin, sur les surfaces du second degré, touchées à la fois par toutes les arêtes de la pyramide primitive et de sa conjuguée.

Les autres recherches de Monge, consignées dans les deux collections polytechniques, se rapportent spécialement à l'application de l'analyse à la géométrie; partie vers laquelle il est temps de tourner nos regards.

Si le temps nous le permettait, pour compléter l'énumération des travaux de l'école de Monge, il faudrait indiquer les recherches géométriques publiées dans les Annales de mathématiques. Cet intéressant ouvrage, entrepris loin de la capitale, et soutenu avec autant de zèle que de talent par M. Gergonne, ancien officier d'artillerie (1), et maintenant professeur au lycée de Montpellier, a beaucoup contribué à conserver, à propager dans les départements, l'amour et l'étude des sciences mathématiques.

---

(1) D'abord professeur de mathématiques à l'académie de Nismes. Il serait à désirer que l'auteur, pour récompense de ses longs travaux dans l'enseignement, fût appelé à l'une des chaires des écoles de la capitale, et qu'il y consacrât ses loisirs à la continuation d'un ouvrage qu'il rendrait alors beaucoup plus fructueux pour la science.

14

GÉOMÉTRIE ANALYTIQUE.

LES figures de l'étendue, qu'on peut concevoir exécutées suivant une loi quelconque, sont de nature à pouvoir être représentées par les signes abstraits du calcul; et des formes générales de l'analyse correspondent aux formes générales de la géométrie. Chaque opération analytique indique une opération exécutée dans l'espace, par translation ou par transfiguration. On peut donc, à volonté, réduire les opérations compliquées d'une haute géométrie, aux transformations plus faciles des signes qui représentent les éléments de l'étendue : tel est le très-grand avantage de l'analyse appliquée à la géométrie. On peut également interpréter chaque opération algébrique; lire dans l'espace tout ce que signifie un langage symbolique, en peindre la pensée à l'imagination : tel est l'avantage non moins grand de la géométrie appliquée à l'analyse.

Les belles découvertes mathématiques ne sont jamais le résultat d'une combinaison méchanique et pour ainsi dire aveugle de signes abstraits. Il faut que l'esprit, pour me servir d'une belle expression de Montaigne, il faut que l'esprit par ses vues *prime-sautières*, devance la marche matérielle des manipulations du calcul. C'est cette providence du génie, guidée par des règles plus ou moins sûres, par des inductions plus ou moins directes, et souvent par un simple pressentiment de ce qui doit être ou n'être pas la vérité, c'est elle qui constitue la philosophie de la science.

La nouvelle géométrie, en offrant à l'imagination des moyens de se représenter, par l'étendue figurée, les opérations à effectuer en analyse, a donc puissamment servi cette philosophie.

Enfin, à beaucoup d'égards, c'est par la nouvelle géométrie que les analystes modernes ont appris à donner une élégance inconnue avant eux, aux formes de leurs calculs et à la marche de leurs opérations.

Quoique les recherches élémentaires dont nous allons parler en premier lieu, n'aient été données par Monge que long-temps après ses travaux les plus transcendants, nous croyons devoir en occuper d'abord le lecteur. Nous croyons devoir préférer à l'ordre des temps, la gradation et le développement naturel d'un grand ensemble de vérités. Ceux qui désireront connaître les époques diverses des travaux de Monge, les trouveront en partie au moyen de la table chronologique des écrits qu'il a fait paraître dans le cours de sa carrière. Malheureusement Monge n'a pas toujours eu le soin de relater les époques de présentation de ses mémoires aux diverses académies. Plus rarement encore a-t-il indiqué les temps où ses idées se sont portées vers tel ou tel genre de recherches, et l'époque précise où il a découvert les principales vérités que lui doit la science. Il est donc presque impossible ici de retracer, pour le philosophe observateur des progrès de l'esprit humain, le tableau si plein d'intérêt et d'instruction qu'offre l'enchaînement des travaux, des efforts et des succès d'un grand et beau génie. Il faut se borner à l'exposition des vérités suivant l'ordre qui les rend le plus accessibles.

Dans sa géométrie analytique, comme dans sa géométrie descriptive, Monge rapporte à trois plans coordonnés, toutes les parties de l'étendue dont il veut obtenir les rapports de forme et de position. Trois variables représentent les distances de chaque point de ces parties aux trois plans coordonnés; plans que, pour plus de simplicité, on suppose ordinairement perpendiculaires entre eux.

La position d'un point unique est exprimée par une valeur
définie et constante des trois variables. Il faut donc trois équations pour exprimer complétement la position d'un point.

La figure et la position d'une ligne courbe tracée dans l'espace, sont exprimées par deux équations entre les variables
coordonnées, ou par deux équations entre ces trois variables
prises deux à deux. Ces dernières équations appartiennent aux
courbes planes représentant, sur les plans coordonnés, la projection de la courbe tracée dans l'espace : elles sont au nombre
de trois (nombre donné par la combinaison deux à deux des
trois variables); mais deux de ces équations sont suffisantes, et
la troisième n'en est que la conséquence.

Enfin, la figure et la position d'une surface, sont données par
une équation unique entre ces trois variables coordonnées.

Souvent, dans les opérations de la géométrie et de la méchanique analytiques, on doit passer d'un système de plans coordonnés à un autre système. Euler et La grange ont les premiers
résolu généralement ce problème. Monge a déterminé de même,
et par une méthode qui lui est propre, quelle transformation
doivent alors subir les valeurs des coordonnées : cette recherche
est présentée sous la forme la plus élégante (1).

Dans sa géométrie analytique, Monge suit une marche analogue à celle de sa géométrie descriptive. Il considère, d'abord,
la ligne droite et le plan, pour en obtenir les équations. Il se
demande quelles relations analytiques expriment que des droites
et des plans sont parallèles ou perpendiculaires; quelles expressions donnent la mesure de l'angle qu'ils forment entre eux. Il
se demande, ensuite, quelles sont les équations d'un plan tan-

(1) Mémoires de l'académie des sciences, 1784, p. 112 et suivantes. Voyez aussi
sur la transformation des coordonnées obliques, les recherches de M. Français, savant
professeur à l'école de Metz.

gent et d'une droite normale aux surfaces données par leur
équation.

Il a présenté, comme une application simple de ces premières
notions, l'examen général des surfaces du second degré : c'est
une discussion analytique également élégante et lumineuse, plus
complète et plus profonde que celle donnée par Euler dans son
Introduction à l'analyse des infiniment petits. On doit y distinguer surtout, comme une propriété neuve et remarquable, la
description des ellipsoïdes et des hyperboloïdes, par un cercle
variable de rayon.

L'enseignement de l'analyse géométrique à l'école polytechnique est divisé en deux parties, l'une réservée pour la première
année des études, l'autre pour la seconde. Nous venons de
tracer le cercle des connaissances parcourues dans la première
année.

Dans les derniers travaux auxquels Monge s'est livré, il est
revenu sur les surfaces du second degré qu'il a comparées dans
leur position, ce qui lui a donné l'occasion de faire à leur sujet
des rapprochements ingénieux.

Il fait voir que deux surfaces du second degré, de forme quelconque mais concentriques, ont nécessairement quant aux
directions, un système de diamètres conjugués, le même pour
l'une et pour l'autre. L'intersection et les contacts de ces surfaces ont, avec la position de ces diamètres conjugués communs, des relations intéressantes queMonge fait connaître (1).

---

(1) Ces considérations s'appliquent facilement à la démonstration géométrique de
cette propriété qu'on a reconnue dans les faisceaux lumineux émanés d'un point
unique, et réfléchis par un miroir de forme quelconque : de former des surfaces développables de rayons réfléchis, telles que les deux développables qui se croisent en
chaque point du miroir ont respectivement pour tangentes, *deux tangentes conju-*
guées de la surface du miroir.

Ses élèves ont poussé très-loin la recherche des propriétés des lignes et des surfaces du second degré. MM. Livet (1) et Binet (2) ont fait des diamètres conjugués et des plans diamétraux, l'objet de recherches qui les ont conduits à des théorêmes dignes d'être connus. M. Livet (3), que les sciences ont perdu lorsqu'il entrait à peine dans la carrière des recherches géométriques, a fait encore un travail intéressant sur les cylindres, les cônes et les parallélipipèdes circonscrits à des surfaces du second degré. M. Brianchon (4) a considéré les cônes ainsi circonscrits et les points de concours donnés par les côtés et par les diagonales de polygones inscrits et circonscrits aux courbes du second ordre : il a suivi heureusement la route tracée par le célèbre Carnot dans sa Géométrie de position. Les chefs de brigade, élèves du noyau de l'école polytechnique (5), ont découvert la génération des surfaces hyperboloïdes par le mouvement d'une ligne droite qui s'appuie sur trois autres.

---

(1) Journal de l'école polytechnique, tome VI, 13e. cahier, page 270. Propriétés des surfaces du second degré rapportées à leurs diamètres conjugués.

Correspondance polytechnique, tome Ier., page 28. De quelques propriétés des surfaces du second degré.

(2) Journal de l'école polytechnique, tome IX, 16e. cahier, page 41. Mémoire sur la théorie des axes conjugués et des moments d'inertie des corps.

Correspondance polytechnique, tome II, page 17, Sur les axes principaux des surfaces du second degré; page 74, Des surfaces diamétrales, des propriétés des surfaces du second degré; page 323, Théorème sur les surfaces du second degré.

(3) Journal de l'école polytechnique, tome VI, 13e. cahier, page 284, Du contact des surfaces coniques pour les surfaces du second ordre.

(4) Journal de l'école polytechnique, t. VI, 13e. cah.; page 297, Sur les surfaces courbes du second degré.

Correspondance polytechnique, tome Ier., page 151 et page 307, Sur les courbes du second degré; tome II, page 383, Géométrie de la règle.

(5) Journal de l'école polytechnique, Ier. cahier, p. 5, Stéréotomie.

Ensuite M. Hachette (1) a considéré certains cas des contacts de ces surfaces avec les autres surfaces gauches. M. Chapuis (2) a donné, pour déterminer l'intersection de deux ellipsoïdes de révolution dont les axes ne se rencontrent pas, une méthode ingénieuse. M. Petit (3) a discuté les surfaces du second degré, au moyen de l'équation (4) qui a pour racine les quarrés des demi-diamètres principaux de ces surfaces.

D'autres élèves de Monge ont donné d'utiles démonstrations, ou trouvé des propriétés curieuses, sur les lignes et les surfaces du second degré. Mais nous ne pouvons descendre dans le détail de ces travaux particuliers, pour lesquels nous nous contentons de renvoyer à la Correspondance polytechnique.

Enfin, on s'est occupé de la description des lignes et des surfaces du second degré par un mouvement continu : ce mode de description a conduit à plusieurs propriétés nouvelles de ces lignes et de ces surfaces (5).

Actuellement nous allons essayer de faire connaître la géométrie analytique des surfaces courbes d'un ordre quelconque, telle que Monge l'a présentée : c'est la partie la plus importante de ses recherches mathématiques.

Les surfaces, considérées dans les rapports généraux de leurs formes, peuvent être divisées en grandes familles, telles que les individus de chaque classe, doués de certains caractères

---

(1) Supplément à la géométrie descriptive et Correspondance polytechnique, t. I⁰⁰., pages 179, 242 ; tome II, page 329; tome III, pages 18, 43, 386.

(2) Correspondance polytechnique, tome II, page 256.

(3) Correspondance polytechnique, tome II, page 324.

(4) C'est M. Binet qui, le premier, a donné cette équation dans son mémoire déjà cité, Journal de l'école polytechnique, tome IX, 16⁰. cahier.

(5) Journal de l'école polytechnique, tome VII, 14⁰. cahier, Sur la description des lignes et des surfaces du second degré.

Correspondance polytechnique, tome I⁰⁰., pages 144 et 183; tome II, page 420.

communs, jouissent de propriétés mathématiques qui leur appartiennent collectivement. Les surfaces produites par les mouvements réguliers des machines et des outils, sont toutes dans ce cas. L'ouvrier qui les exécute, l'artiste qui les conçoit ou qui les emploie, savent parfaitement reconnaître, à la simple vue, le caractère spécial de ces familles de surfaces. Ainsi le tourneur juge, au premier coup d'œil, qu'une surface est ou n'est pas de révolution; le ferblantier juge avec autant de facilité qu'une surface est ou n'est pas développable, etc.

Quels sont les caractères de ces surfaces, ou développables, ou gauches, ou de révolution, etc.? Quelles formules algébriques peuvent exprimer ce qui fait que telle surface appartient ou n'appartient pas à telle ou telle famille? Voilà le problème que Monge s'est proposé de résoudre, et qu'il a résolu de la manière la plus heureuse, dès ses premières recherches mathématiques (1).

Les surfaces qui peuvent être engendrées par le mouvement d'une ligne droite, ou d'une ligne courbe constante de forme, sont les plus simples de toutes, et celles que le géomètre considère en premier lieu. Monge fait voir qu'on peut les exprimer par une équation en quantités finies entre les coordonnées de la surface, dépendantes les unes des autres d'une manière spéciale, avec une fonction arbitraire, si la ligne génératrice n'a qu'un élément arbitraire dans son mouvement; avec deux fonctions arbitraires, si le mouvement de cette ligne a deux éléments arbitraires, etc.

Il fait voir qu'en se servant des coëfficiens différentiels partiels d'une telle équation finie, on peut obtenir une équation dégagée de toute fonction arbitraire qui exprime complétement

_____

(1) Jugement de Lagrange. Fonctions analytiques.

et uniquement le caractère générique de la famille de surfaces que l'on considère. Mais il faut que les équations aux différentielles partielles, soient d'un ordre d'autant plus élevé qu'il y a dans l'équation intégrale un plus grand nombre de fonctions arbitraires.

Non-seulement Monge descend de l'équation intégrale aux équations différentielles partielles; il obtient ces dernières par une marche directe; puis il remonte de celles-ci à la primitive par des considérations également directes. Sa méthode est la même pour les surfaces cylindriques, les surfaces coniques, celles de révolution, etc.

Il se demande, et il fait voir, comment on pourrait déterminer la fonction arbitraire (s'il n'y en a qu'une), pour que la surface, tantôt passât par une courbe donnée, tantôt enveloppât régulièrement une surface particulière également donnée : lorsqu'il y a deux fonctions arbitraires, il faut deux courbes ou deux surfaces particulières pour déterminer ces deux fonctions (dans les mêmes hypothèses).

Une seconde manière d'engendrer les surfaces, moins simple, mais non moins importante que celle qui s'opère par le mouvement d'une ligne, est de considérer les surfaces cherchées, comme enveloppes de l'espace parcouru par une surface individuelle, constante ou non dans sa forme, et variable dans sa position.

Qu'ont de commun entre elles la surface génératrice et la surface engendrée? 1°. Des points qui forment une courbe donnée par chaque position de la surface génératrice (cette courbe est celle que Monge appelle la *caractéristique*). 2°. Un plan tangent pour chacun de ces points, s'il n'y a qu'un rapprochement du premier ordre entre l'engendrée et la génératrice. 3°. Des rayons de courbure, s'il y a de plus un rapprochement du second ordre, etc.

Les courbes *caractéristiques*, lieux respectifs du contact de la surface enveloppe, avec la surface génératrice considérée dans chacune de ses positions, sont elles-mêmes enveloppées par une courbe fort remarquable, laquelle est généralement pour la surface enveloppe, une arête de rebroussement qui sert de limite commune, et comme de suture à deux nappes de cette surface enveloppe.

En supposant que l'équation de la surface génératrice contienne deux paramètres arbitraires liés par une fonction regardée comme arbitraire, on peut ne faire varier le second paramètre qu'après le premier, et considérer l'enveloppe de toutes les enveloppes obtenues par la variation générale de ce premier paramètre, pour les diverses valeurs du second paramètre regardées comme valeurs constantes isolées.

Or, toutes ces enveloppes auront un caractère analytique commun, dont on donnera l'expression par une équation aux différentielles partielles, ou par une équation intégrale renfermant la fonction arbitraire qui lie les deux paramètres (1).

On obtient l'équation différentielle, en prenant l'équation primitive qu'on différencie aux différences ordinaires par rapport au paramètre, et faisant ensuite l'élimination de cette constante entre l'équation primitive et l'équation ainsi dérivée.

Si, sans faire l'élimination, on suppose que le paramètre prenne successivement toutes les valeurs possibles, pour chacune de ces valeurs, les deux équations représenteront une

---

(1) Il ne faut pas cependant conclure de là que toute équation intégrale, au moyen de laquelle on satisfait à une équation du premier ordre d'une surface, et qui renferme une fonction arbitraire, soit aussi générale que le comporte l'équation du premier ordre; Lagrange a fait voir le contraire dans ses leçons sur le calcul des fonctions, page 299.

courbe particulière : ce sera l'une des caractéristiques de la surface enveloppe.

En différenciant aux différentielles ordinaires du second ordre, par rapport au paramètre ordinaire, et combinant cette nouvelle équation avec les deux précédentes, on obtient par l'élimination une seconde équation qui détermine, sur la surface enveloppe, *l'arête de rebroussement* de toutes les caractéristiques.

Enfin, en différenciant au troisième ordre par rapport au paramètre arbitraire, on obtient une quatrième équation qui, combinée avec les trois précédentes, détermine sur l'arête de rebroussement un nombre fini de *points de rebroussement*.

Les caractéristiques des surfaces enveloppes ne dépendent qu'en partie de la nature de ces surfaces; mais elles dépendent essentiellement de la forme de la surface génératrice et de la loi de son changement de position.

Ainsi le cône droit circulaire, considéré comme l'enveloppe de l'espace parcouru par un plan tournant autour d'un point, a la ligne droite pour caractéristique. Considéré comme l'enveloppe de l'espace parcouru par une sphère variable de rayon, il a le cercle pour caractéristique ; considéré comme l'enveloppe de l'espace parcouru par un ellipsoïde de forme constante, il aurait l'ellipse pour caractéristique, etc.

Monge applique ces grandes et belles considérations à la génération des surfaces formées par une sphère de rayon, I°. constant; II°. variable et dont le centre se meut, 1°. sur une courbe plane, 2° sur une courbe à double courbure.

Ce qu'il regarde comme le plus important dans sa théorie des enveloppes, c'est qu'on peut, dit-il, en opérant sur les équations aux différentielles partielles des surfaces, obtenir directement les équations différentielles de la caractéristique.

Monge fait voir que, dans le cas où l'on a deux paramètres variables, ce qui produit des enveloppes d'enveloppes, la caractéristique formée par deux enveloppées consécutives, est la même que celle formée par les deux enveloppes immédiatement consécutives et circonscrites à l'une des deux enveloppées infiniment voisines.

Dans le cas où les surfaces enveloppes ont avec chacune des enveloppées un contact du second ordre, les équations de la caractéristique ne peuvent être données qu'en passant aux différentielles partielles du second ordre; il faut alors regarder les coëfficiens différentiels partiels de cet ordre comme seuls variables par rapport aux paramètres, c'est-à-dire, en passant d'une enveloppée ou d'une enveloppe à celle qui la suit immédiatement. C'est d'après cette considération que Monge détermine la caractéristique des enveloppes formées par contact du second ordre avec leurs enveloppées.

Alors on trouve qu'il y a deux caractéristiques, au lieu d'une, passant par chaque point de l'enveloppe.

L'équation aux différentielles partielles du second ordre appartenant aux caractéristiques, conduit dans certains cas, par son intégration, à deux équations différentielles partielles du premier ordre, qui chacune contiennent une fonction arbitraire différente, et qui représentent chacune complétement la surface enveloppe.

Enfin, l'équation de cette surface enveloppe, en quantités finies, contiendra deux fonctions arbitraires, afin de pouvoir être de la même généralité que les deux équations aux différentielles partielles du premier ordre dont chacune n'a qu'une fonction arbitraire, et de la même généralité que l'équation unique aux différentielles partielles du second ordre, tout-à-fait dégagée de fonctions arbitraires.

On conçoit que les restrictions imposées par Lagrange, à la généralité de conséquences analogues pour les fonctions arbitraires qui complètent les intégrales d'équations aux différentielles partielles du premier ordre, doivent limiter encore davantage ces conséquences pour le second ordre et les ordres supérieurs. *Voyez* la note page 114 (1).

Monge applique la théorie des contacts du second ordre à la génération des surfaces gauches, par des plans osculateurs de ces surfaces ou plutôt par des plans qui les osculent suivant certaines directions.

Il traite ensuite de la génération des surfaces développables. Il se propose à leur sujet une foule de problèmes curieux en eux-mêmes, et d'un grand intérêt par leurs applications aux arts.

Ses recherches sur les surfaces développables sont d'autant plus remarquables qu'elles sont un des fruits de ses premiers travaux d'analyse géométrique.

C'est dans un mémoire présenté en 1771 à l'académie des sciences de Paris, qu'il a considéré pour la première fois les surfaces développables, au sujet des développées, des rayons de courbure et des différents genres d'inflexions des courbes à double courbure. Ces développées des courbes à double courbure sont placées sur des surfaces développables dont il donne les équations en éléments différentiels du premier ordre, avec une fonction arbitraire. Il montre comment on peut obtenir l'équation de l'arête de rebroussement de ces surfaces.

Euler (2) a présenté pareillement en 1771, à l'académie des

---

(1) Observons aussi que, dans ses recherches sur le calcul intégral aux différences partielles, art. 6, page 360 (Mém. de l'académie des sciences de Paris, pour 1773), M. de la Place fait voir qu'il est des équations du second ordre dont l'intégrale complète est impossible; tandis que, dans un grand nombre de cas, elle est susceptible d'une infinité d'intégrales particulières.

(2) *De solidis quorum superficiem in planum explicare licet. Novi commentarii*

sciences de Pétersbourg, un mémoire sur les surfaces développables dont il n'obtient non plus les équations qu'en éléments
différentiels partiels du premier ordre.

En 1775, Monge est revenu sur cette question, et a donné
la belle équation du second ordre (1) qui appartient aux surfaces développables. Il résout, relativement à ces surfaces, une
foule de problèmes intéressants en eux-mêmes et par leurs applications.

Une théorie non moins essentielle que celle des surfaces développables, et qui en offre une heureuse application, est la
théorie de la courbure des surfaces. Euler avait le premier
envisagé cette question; il avait trouvé deux théorèmes qui, appartenant aux formes générales de l'étendue, sont au nombre
de ces vérités grandes et primordiales qu'on doit regarder comme
les bases de la science; 1°. la courbure d'une surface quelconque,
à partir d'un point donné, est complétement déterminée par
le plus grand et le plus petit rayons de courbure des sections
normales faites par ce point à cette surface; 2°. les directions
des deux sections auxquelles appartiennent ce plus grand et ce
plus petit rayons, sont constamment à angle droit. Ces théorèmes, avec celui de Meusnier (2) sur la courbure des sections
obliques, font connaître tous les éléments essentiels de la courbure des surfaces.

En se proposant de déterminer les surfaces développables
formées par la rencontre des normales consécutives d'une surface
courbe, Monge a fait voir que la partie de ces normales, com-

---

academiœ scientiarum imperialis petropolitanœ; tom. 16, pro anno 1771; Petro-
poli, 1772, p. 3.

(1) rt—s²=0; r, s, t, étant les coëfficients différentiels partiels du second ordre
de z=f (x, y).

(2) Collection des Savants étrangers, vol. X, pag. 476.

prise entre la surface courbe et les arêtes de rebroussement des deux développables qui passent par une même normale, a pour expression analytique la valeur même trouvée par Euler pour la grandeur des deux rayons de courbure (1). C'est cette coïncidence qui lui a fait nommer *lignes de courbure*, les lignes que les surfaces développables des normales tracent sur la surface courbe proposée; parce qu'une de ces lignes indique constamment la direction des plus grandes courbures, et l'autre la direction des moindres courbures de la surface courbe.

Les arêtes de rebroussement des surfaces développables des normales forment deux nappes distinctes d'une surface particulière et généralement unique; une première nappe est le lieu des centres de plus grande courbure, et l'autre nappe est celui des centres de moindre courbure.

Ces propriétés fournissent le moyen de décrire les lignes de courbure, par le mouvement continu de fils pliés et tendus sur les surfaces des centres de courbure, etc.

Les points de rebroussement des arêtes, lieux des centres, correspondent à des points très-remarquables sur la surface primitive. Monge nomme ces points ombilics; il présente leur caractère analytique ordinaire. Il est des cas généraux où ce caractère change et donne aux lignes de courbure un autre aspect autour de l'ombilic. On a traité depuis ces cas différents. On a considéré les lois de la courbure des surfaces en d'autres directions que celles de plus grande et de plus petite courbure; on a fait voir que toutes ces courbures étaient représentées dans leurs rapports, par les quarrés des diamètres d'une courbe du second degré, *indicatrice* de la courbure de la surface. Les diamètres conjugués de cette courbe indicatrice sont, pour la

_____

(1) Mémoires de l'académie de Berlin, 1760.

surface primitive, *les tangentes conjuguées*. La somme des courbures des sections normales faites suivant deux tangentes conjuguées est constante; elle est égale à la somme de la plus grande et de la plus petite courbure, etc. (1).

Monge présente les valeurs différentielles qui expriment, d'après l'équation primitive d'une surface, tous les éléments géométriques qu'il a considérés dans la courbure des surfaces; il se propose pour certains cas de s'élever aux équations intégrales des lignes de courbure de la sur face primitive, d'après la connaissance de ces valeurs différentielles.

Il se demande de trouver les équations des lignes de courbure de l'ellipsoïde : sa solution est un modèle d'élégance et pour la rapidité, la simplicité de la méthode, et pour la forme heureuse des résultats.

Monge développa pour la première fois cette application dans une leçon d'apparat donnée à l'école polytechnique. Lagrange, qui assistait à cette séance, fut ravi de voir une telle analyse : « Je voudrais en être l'auteur », dit-il à Monge. Ce noble suffrage paraissait être, de tous ceux que Monge obtint pendant sa vie, celui qui le flattait le plus : il se plaisait à le répéter à ses amis, et il mettait tant de modestie et de plaisir dans la surprise que lui causait cet éloge, qu'on lui savait gré, ce qui est bien rare, de rapporter ainsi lui-même ce qui lui faisait honneur.

Des élèves de l'école polytechnique ont, ensuite, traité d'une manière générale la recherche des lignes de courbure des surfaces du second degré : l'un d'eux, M. Binet (2), y est arrivé par des conséquences curieuses d'un beau travail sur les mo-

(1) Développements de géométrie, 1er., 2e. et 3e. Mémoires.
(2) Journal de l'école polytechnique, t. IX, 16e. cah.

ments d'inertie des corps; l'autre (1), qui a trouvé le premier
ses résultats, s'est proposé de déterminer d'une manière générale,
quelle est la condition mathématique en vertu de laquelle on
peut diviser l'espace en éléments infiniment petits rectangulaires.
Or, il a' trouvé qu'on exécute généralement et nécessairement
cette division orthogonale par trois groupes de surfaces, telles
que les intersections des surfaces de différents groupes sont à la
fois des lignes de courbure pour les deux surfaces qui se coupent. Ensuite il a fait voir, comme application particulière,
qu'on pouvait former un seul système de surfaces trajectoires
orthogonales du second degré, qui présentassent dans trois
groupes différents, les ellipsoïdes, les hyperboloïdes à une
nappe, et les hyperboloïdes à deux nappes, ou simplement
des paraboloïdes à courbures de même sens et de sens opposés.

On peut se demander les équations différentielles du premier
et du second ordre, ainsi que l'équation finie des surfaces dont
les courbures jouissent de propriétés spéciales et les mêmes pour
touts les points de ces surfaces; donner en même temps les
moyens de construire géométriquement ces surfaces; et faire
connaître un grand nombre de leurs propriétés principales.
C'est une nouvelle série de recherches, dans laquelle Monge
s'est livré à de grands développements.

Il se propose de trouver quelle est la famille de surfaces
dont un des rayons de courbure est constant; il fait voir que les
surfaces de cette famille sont engendrées d'une manière générale
par le mouvement d'une sphère constante de rayon.

Il examine ensuite la famille de surfaces dont les deux rayons
de courbure sont égaux entre eux, mais dirigés, 1° dans le
même sens; 2° en sens opposés.

---

(1) Développements de Géométrie; 4°. et 5°. Mém.

Meusnier a le premier observé que les surfaces de cette dernière famille sont celles dont l'aire est un minimum, et dont Lagrange a fait connaître l'équation aux différentielles partielles du second ordre. Monge parvint par sa méthode, à l'équation intégrale, qu'aucun savant n'avait encore donnée. Sa solution ayant été contestée par les géomètres, M. Legendre a repris ce problème, et l'a résolu par un nouveau moyen, à l'abri de toute objection (1). Le mémoire où M. Legend représente cette solution, offre encore d'autres recherches très-profondes, sur l'intégration des équations aux différentielles partielles linéaires et non linéaires, dont les résultats sont immédiatement applicables à la théorie de la génération des surfaces.

Les derniers mémoires de géométrie publiés par Monge dans le journal de l'école polytechnique, et composés au milieu des dangers et des travaux de l'expédition d'Égypte, ont pour objet d'appliquer la théorie de la courbure des surfaces, en général, à la recherche des équations et des propriétés de la surface enveloppe d'une suite de sphères variables de rayon, et dont les centres sont distribués sur une courbe quelconque. Il considère également les surfaces dont toutes les normales sont tangentes à la surface de la même sphère, celles dont toutes les normales sont tangentes à un même cône à base arbitraire; puis enfin celles dont toutes les normales sont tangentes à une même surface développable quelconque.

Monge a traité des surfaces dont la génération est telle que, pour l'exprimer, il faut recourir à des équations aux différentielles partielles du troisième ordre. De ce nombre est la surface

---

(1) Mémoires de l'académie des sciences, 1787. Voyez aussi, dans la correspondance polytechnique, tome II, pages 413 et 414, une note de M. Poisson au sujet de l'interprétation géométrique d'un cas des équations de la surface dont il s'agit.

engendrée par le mouvement d'une ligne droite qui s'appuie sur trois courbes arbitraires. Il donne, aux différentielles ordinaires élevées au troisième ordre, l'équation de la caractéristique.

Il traite alors, dans sa plus grande généralité, le cas d'une surface enveloppe formée par une sphère variable de rayon, dont le centre parcourt une courbe à double courbure quelconque.

Tel est le vaste ensemble des recherches de Monge sur la génération des surfaces ; recherches qu'il faut à quelques égards rectifier et compléter ; mais dont l'importance deviendra d'autant plus grande et d'autant plus sentie, que les applications aux arts dont elles sont susceptibles seront plus multipliées et perfectionnées.

C'est en traitant une de ces applications que Monge a donné sa théorie de la courbure de surfaces ; on la trouve exposée pour la première fois dans le Mémoire sur les déblais et remblais, publié dans les Mémoires de l'académie des sciences de Paris, pour l'année 1781. Monge y fait voir que les routes suivies pour aller du déblai au remblai, étant supposées rectilignes, elles sont les normales d'une surface unique ; il part de là pour décomposer le faisceau de ces normales en groupes de surfaces développables qui ont pour arêtes de rebroussement, les lignes, lieux des centres de courbure de la surface indiquée, et qui tracent autant de lignes de courbure sur cette surface, limite la plus avantageuse du déblai ou du remblai regardés comme indéfinis d'un côté seulement.

On a poussé plus loin cette application, en supposant que les routes, au lieu d'être rectilignes, fussent assujetties à suivre les inflexions d'un terrain de forme quelconque, ce qui est le cas de la nature. On a traité la question de la rencontre des routes dans l'intérieur des déblais et des remblais ; question sur laquelle Monge s'était trompé. Ces considérations ont conduit par extension à des théorèmes généraux d'optique mathématique.

Monge a fait beaucoup d'efforts pour s'élever des équations différentielles partielles, exprimant la génération des surfaces, à l'équation de ces surfaces mêmes en quantités finies.

La méthode par laquelle Monge descend des équations finies aux équations différentielles ordinaires ou partielles des caractéristiques, des arêtes, des points de rebroussement, des enveloppes et des enveloppées, est à l'abri de toute objection. Mais il n'en est pas de même des méthodes inverses qu'il propose pour remonter de l'équation en différentielles partielles d'une surface, à son équation intégrale, par l'emploi des équations de la caractéristique. Monge arrive par des moyens divers à dix équations différentes, appartenant chacune à la caractéristique. Ensuite, en prenant les trois premières de ces équations, il fait voir par leur moyen, que l'intégration d'une équation aux différentielles patielles à trois variables, du premier ordre et linéaire, ne dépend que de l'intégration d'une seule équation aux différences ordinaires à deux variables et du second ordre, dans laquelle la différentielle d'une des deux variables est regardée comme constante. Ce théorème, étendu aux équations linéaires du premier ordre, en différentielles partielles d'un nombre quelconque de variables, revient à celui de Lagrange, pour la belle solution qu'il a donnée de l'intégration de cette classe d'é-quations (1).

Les surfaces représentées par des équations de cet ordre et de ce degré, jouissent de la propriété générale de pouvoir être engendrées par le mouvement d'une courbe déterminée, mobile et variable de forme, en vertu de la variation de deux paramè-

---

(1) Mémoires de l'académie de Berlin, pour 1772, Sur l'intégration des équations à différences partielles du premier ordre, page 353.

tres dont l'un est fonction arbitraire de l'autre, et dans les équations de laquelle courbe les dérivées de cette fonction n'entrent pas. La réciproque de ce principe est également vraie.

Monge considère ensuite des cas plus généraux où il est forcé de recourir à des équations de la caractéristique, autres que les trois premières. C'est ici que les méthodes de Monge paraissaient sujettes à des objections très-fondées. Dans un de ses moyens d'opérer, par exemple, il obtient trois équations qui contiennent les trois variables et les coëfficients différentiels partiels du premier ordre, avec deux fonctions arbitraires d'un paramètre. Il élimine les deux coëfficients, et il regarde l'équation résultante comme celle d'une enveloppée développable de la surface primitive cherchée. Il différencie cette équation par rapport au paramètre qu'il chasse de l'équation finie, par le secours de cette équation différentielle, et il regarde l'équation résultante de cette dernière élimination comme l'équation intégrale de l'équation proposée.

Or, Lagrange démontre que, quand on parvient à deux équations primitives renfermant deux constantes arbitraires et un coëfficient différentiel, il n'est pas toujours vrai de dire qu'en éliminant le coëfficient, l'équation résultante soit l'équation primitive complète de la proposée; de telle sorte qu'on puisse ensuite en tirer l'équation primitive générale avec une fonction arbitraire (1). La méthode de Monge n'est donc pas générale, et il reste à déterminer dans quelles séries de cas elle est ou non légitime.

On conçoit que toutes les difficultés que nous venons d'indiquer pour les intégrations du premier ordre, se reproduisent à plus forte raison pour les ordres supérieurs.

---

(1) Leçons sur le calcul des fonctions, page 315.

Une contestation célèbre s'était élevée entre Euler et d'A-
lembert, pour savoir si les fonctions arbitraires qui résultent
de l'intégration des équations aux différentielles partielles,
étaient en effet parfaitement arbitraires, ou si l'on était obligé
de les supposer soumises à la loi de continuité. Euler et
Lagrange se sont prononcés contre cette dernière opinion.

Monge, par le secours de ses considérations géométriques,
fit voir comment les fonctions arbitraires pouvaient être discontinues dans les équations intégrales, et néanmoins cons-
truites de manière à satisfaire aux équations différentielles
partielles. Il offrit plus tard un exemple remarquable de ce
genre d'opérations, en construisant l'équation des cordes vibrantes (1). Dans cette construction il suppose qu'à partir du
premier instant de la vibration d'une corde dans un plan vertical, on transporte ce plan parallèlement à lui-même avec une
vitesse constante; la corde, à chaque position, prend une figure
particulière, et l'ensemble des lignes qui représentent ces figures, forme une surface ondulée qui exprime complétement
les états successifs de la corde vibrante.

M. de la Place a posé, ce me semble, les véritables bases
de la question sur la continuité des fonctions arbitraires, en
disant que les fonctions peuvent en effet avoir toute l'indétermination possible, quand cette indétermination n'influe que
sur la continuité ou la non-continuité des éléments différentiels
d'ordres supérieurs à celui de l'équation aux différentielles partielles dont on considère l'équation intégrale (2).

---

(1) Journal de l'école polytechn., t. VIII, 15.° cah.

(2) C'est après avoir donné une construction du problème des cordes vibrantes,
que M. de la Place arrive à cette conséquence dans son Mémoire sur les Suites. (Mémoires de l'académie des sciences pour 1779, art. 22, page 299.

Il est des équations aux différentielles ordinaires à trois et un plus grand nombre de variables, qui ne satisfont pas aux conditions nécessaires pour être représentées généralement par une équation unique entre les mêmes variables.

Monge fait voir que toutes les équations différentielles, élevées ou linéaires, expriment des relations réelles entre les variables, et qu'elles sont susceptibles d'une véritable intégration. Il montre ce que signifient dans l'espace celles de ces équations qui sont à trois variables.

Les équations dont il s'agit, au lieu de représenter des surfaces courbes, comme cela aurait lieu si elles satisfaisaient aux conditions d'intégrabilité, représentent des courbes à double courbure : de sorte qu'à chaque équation différentielle à trois variables correspondent deux équations intégrales entre les mêmes variables, équations intégrales qui doivent être complétées par une fonction arbitraire.

Monge fait connaître ensuite des relations fort remarquables entre ce calcul aux différentielles partielles, et le calcul aux différentielles élevées des équations qui ne satisfont pas aux conditions d'intégrabilité. Il montre les secours que ces deux espèces de calcul peuvent se prêter dans certains cas.

De ces considérations il résulte que les conditions ordinaires d'intégrabilité expriment seulement par combien d'équations l'intégrale finie est représentée, après qu'on a fait disparaître par l'élimination toutes les indéterminées.

Au sujet des équations à trois variables qui ne satisfont pas aux conditions d'intégrabilité, je dois observer qu'Euler, dans ses Institutions de calcul différentiel, avait déjà montré quelques cas où elles ont une signification réelle, lors même qu'on les considère comme appartenant à une surface : mais il avait restreint à ces cas l'interprétation possible des équations dont il s'agit. M. de la Place, dans un mémoire imprimé parmi ceux de l'académie des sciences pour 1772 (1), a fait voir qu'il est encore d'autres cas où l'on peut trouver une équation finie qui satisfasse aux équations différentielles proposées. Il donne à ces équations le nom de solutions particulières, parce qu'elles n'ont pas toute la généralité que comportent les équations intégrales ordinaires, en ce qu'elles ne contiennent point de fonction arbitraire.

(1) Voyez partie Ire., art. 12, page 368.

GÉOMÉTRIE APPLIQUÉE AUX ARTS.

Si, dans l'exposition des travaux de Monge, nous avions voulu suivre l'ordre adopté pour leur enseignement, nous aurions dû présenter les applications aux arts, immédiatement après l'exposition des principes généraux de la géométrie descriptive. Mais il eût fallu développer d'abord la génération des surfaces par les seules considérations géométriques, et la développer une seconde fois par les méthodes analytiques, ce qui aurait exigé deux explications au lieu d'une. Nous avons préféré d'offrir premièrement l'ensemble des recherches théoriques, relatives à la science de l'étendue, et ensuite l'ensemble des applications de cette science.

La géométrie descriptive est un instrument indispensable dans tous les arts dont le but est de donner aux corps des formes déterminées et rigoureuses : tels sont les arts des travaux publics.

Monge a spécialement appliqué sa géométrie, soit dans les cours de l'école du génie militaire, soit dans ceux de l'école polytechnique, à la coupe des pierres, à la charpente, à la perspective, aux ombres et au défilement. Il faut faire connaître ce que ces arts doivent aux recherches du géomètre. Parlons d'abord de la coupe des pierres.

Les diverses parties d'un édifice devant se soutenir mutuellement, pour que l'édifice ait la plus grande solidité possible, il faut que chaque élément soit, avec ceux qui l'avoisinent, dans le contact le plus parfait. C'est ce qui ne peut avoir lieu qu'en

17

donnant aux parties contiguës, des formes très-simples, afin
que l'ouvrier puisse exécuter ces formes par des moyens faciles et certains.

Lorsqu'il s'agit de bâtir en pierre de taille un mur droit
sur toutes ses faces, la meilleure solution d'un tel problème
se présente immédiatement. On divise le mur par portions
horizontales qui ont ordinairement même hauteur, c'est ce
qu'on nomme des assises; puis, chaque assise est subdivisée
verticalement en parties égales entre elles, si l'on construit avec
un très-grand soin. Alors, le volume entier de la muraille
se trouve divisé en parallélipipèdes rectangulaires égaux,
et dont chacun est formé par un bloc unique de pierre. Il
suffit, pour donner à ce bloc la forme demandée, que la règle
s'applique en tout sens sur ses faces, et que l'équerre soit la juste
mesure de ses angles.

Mais, le problème est beaucoup moins simple lorsqu'il s'agit
de construire des voûtes, des portes, des fenêtres ceintrées, etc.
Il faut d'abord que la face extérieure de chaque élément ou
voussoir, ait la forme de la voûte ou du ceintre. Ensuite, quel doit
être le contour de chaque voussoir sur le ceintre et sur la
voûte? Quelle doit être la forme des faces sur lesquelles se tou-
chent les voussoirs contigus? (Ces faces sont ce qu'on appelle
les joints).

Depuis long-temps on a résolu ce problème de la manière
la plus avantageuse pour des voûtes de formes très-simples,
telles que la voûte cylindrique et la voûte conique. On a divisé
la surface de ces voûtes en éléments rectangulaires, par deux
systèmes de lignes; d'abord par une suite de lignes droites également espacées (ce sont les arêtes du cylindre et du cône);
ensuite par des courbes transversales qui croisent ces arêtes à
angle droit.

Pour obtenir les joints des voussoirs, on a fait passer par les arêtes, des plans perpendiculaires à la surface de la voûte conique ; puis, par chaque point des courbes transversales, on a mené une perpendiculaire à cette surface. Ces perpendiculaires forment une surface développable qui est, entre toutes, la plus facile à exécuter après le plan.

On a suivi le même genre de solution dans la structure des surfaces de révolution. Pour circonscrire les voussoirs, on a tracé sur ces surfaces, d'une part les courbes méridiennes, de l'autre les parallèles qui les coupent à angle droit. Les plans des courbes méridiennes ont été pris pour premier système de joints; les cônes droits et circulaires formés par les normales de la surface, menées des divers points de chaque parallèle, ont été pris pour second système de joints.

Mais, dans une foule de cas où les voûtes ont des formes plus compliquées que celles dont nous venons de parler, la géométrie élémentaire et toute pratique des artistes ne pouvait plus les guider, et souvent alors ils ont erré. Ils ont regardé comme développables des surfaces de joints qui étaient gauches; ils ont cru pouvoir effectivement les développer sur un plan, ce qui les a conduits à des opérations entièrement fausses.

Monge est le premier qui ait considéré le problème de la coupe des pierres dans toute sa généralité : la solution qu'il en a donnée n'avait pu l'être auparavant, puisqu'elle tient à des propriétés de l'étendue, inconnues avant lui.

Pour qu'une voûte soit aussi parfaite que possible, il faut d'abord que ses plans de joints soient partout perpendiculaires à la surface de la voûte; parce que les arêtes communes des voussoirs, placées sur cette surface, devant se toucher exactement, il peut arriver qu'elles supportent plus ou moins long-temps toute la pression exercée sur une face de joint. Alors, le voussoir taillé en angle aigu serait moins fort que celui qui présenterait l'angle obtus supplémentaire. Par conséquent, il se briserait long-temps avant que celui-ci n'eût atteint son maximum de résistance.

Il faut de plus, pour que la taille des pierres ne devienne ni trop dispendieuse, ni trop compliquée, que les joints soient des surfaces développables (1).

Or, d'après la théorie de la courbure des surfaces, telle que Monge l'a fait connaître, ces conditions ne peuvent être remplies que quand les joints visibles des voussoirs tracent, sur la surface de la voûte, des lignes de courbure de cette surface. Il faut donc, pour obtenir la meilleure structure d'une voûte quelconque, diviser d'abord sa surface en éléments rectangulaires, au moyen de ses lignes de plus grande et de moindre courbure; ensuite, prendre pour joints des voussoirs les surfaces développables formées par les normales de la voûte, élevées des différents points de chacune de ces lignes de courbure.

Dans son mémoire sur les lignes de courbure de l'ellipsoïde, Monge fait voir combien il serait convenable de donner la forme ellipsoïdale aux salles destinées à nos assemblées législatives. Il montre comment les nervures de la voûte, dirigées suivant les traces des joints pour indiquer la structure de l'édifice, se croisant à angle droit suivant la direction des deux courbures et se développant autour de deux ombilics, formeraient une décoration à la fois simple, naturelle et grandiose.

(1) On doit cependant excepter de cette règle, 1°. les escaliers dont la voûte est une surface gauche : des considérations particulières obligent alors de donner aux surfaces de joint la figure de surfaces gauches; 2°. les parties des édifices où plusieurs voûtes se croisent et se pénètrent; alors les joints des voussoirs ayant deux arêtes apparentes, cette double condition peut exiger un tracé particulier, différent de celui donné par les lignes de courbure.

Combien n'est-il pas à regretter que Monge ait négligé d'écrire avec détails la méthode qui le guidait dans les applications à la coupe des pierres! En revenant sur ses idées pour les mettre en état d'être connues du public, il y aurait nécessairement ajouté beaucoup; il eût rendu, par là, un service éminent à tous les travaux publics.

Les tracés de la charpente ne sont pas susceptibles, comme ceux de la coupe des pierres, d'être définis par une loi grande et générale. Dans beaucoup de cas ils se réduisent à des intersections de plans, et alors la géométrie descriptive la plus simple suffit pour résoudre les problèmes que cette application présente.

Mais, dans le tracé des escaliers, des combles et des voûtes, il faut faire un emploi fréquent des surfaces gauches, il faut donner des moyens rigoureux de les engendrer et de les représenter. C'est dans cette partie seulement que Monge aurait pu perfectionner l'art de la charpente, art pour lequel il a moins fait que pour les autres; parce qu'il s'est trouvé, dans le principe, dégoûté par des obstacles étrangers à la science.

M. Ferry, élève de Monge, ancien professeur de l'école du génie militaire, à Mézières, s'est occupé spécialement de perfectionner les tracés de la charpente, et de leur donner l'uniformité et la généralité des méthodes de la géométrie descriptive. C'est lui qui a traité spécialement cette partie délicate où l'on doit opérer sur des surfaces gauches.

Monge, devenu membre de l'académie des sciences, usa de l'influence qu'il avait acquise, pour faire passer cette nouvelle théorie dans l'enseignement de l'école de Mézières. Les épures de charpente qui entrent dans la collection de l'école polytechnique, doivent à M. Ferry les améliorations importantes qui les distinguent des tracés ordinaires des charpentiers.

La géométrie descriptive s'applique très-heureusement à la

perspective. La généralité des méthodes de la science fait disparaître de cet art graphique une foule de méthodes particulières incohérentes, pour le réduire à des solutions qui sont le développement régulier d'un très-petit nombre de principes.

Il est facile de mettre en perspective un point et une ligne. Mais comment mettre une surface en perspective? C'est ordinairement en traçant sur le tableau le contour apparent de cette surface. Or, ce contour est, sur le plan du tableau, la trace d'une surface conique ayant pour centre l'œil du spectateur, et de plus étant circonscrite à la surface qu'on veut mettre en perspective : problème facilement résoluble par les méthodes de la géométrie descriptive.

En professant la perspective linéaire, Monge ne bornait pas ses leçons à l'explication de procédés graphiques; il exposait sur la perspective aérienne une foule d'idées nouvelles, résultats de ses observations dans les climats si différents, de la France, de l'Italie et de l'Égypte : il savait donner à ce sujet un intérêt extraordinaire.

La théorie de la distribution de la lumière et des ombres sur les corps, se rattache naturellement à la perspective linéaire ; elle achève de faire connaître les lois mathématiques de l'aspect des corps.

Les lignes de séparation d'ombre et de lumière sont données, sur les corps éclairés, par leurs courbes de contact avec des surfaces développables à la fois circonscrites au corps éclairant et au corps éclairé.

Si l'on considère tous les rayons de lumière émanés de la surface d'un corps éclairant, et qui tombent sur un corps éclairé, on trouvera que l'espace qu'ils occupent est terminé par deux enveloppes essentiellement distinctes et qui sont deux surfaces développables. La première, embrassant extérieurement les deux corps, touchera, comme nous venons de le dire, le corps éclairé dans toute l'étendue d'une courbe qui sera sur lui la ligne de séparation d'ombre et de lumière; la seconde développable aura ses diverses arêtes passant entre les deux corps, et, se croisant mutuellement : elle touchera le corps éclairé dans toute l'étendue d'une courbe qui limitera, du côté de la partie obscure, la partie de ce corps imparfaitement illuminée, partie qu'on appelle pénombre.

Monge a donné cette théorie, en présentant à l'académie des sciences de Paris ses considérations sur les surfaces développables. Mais, Euler avait eu le premier l'idée de cette application importante (1).

Guidés par les conseils de Monge, les élèves formant le noyau de l'école polytechnique se proposèrent de déterminer la dégradation des teintes d'une sphère éclairée, d'abord par les rayons émanés d'un corps de forme quelconque; ensuite par des rayons parallèles, tels qu'on suppose ordinairement les rayons solaires.

Lorsque les élèves eurent déterminé pour ce dernier cas, par la géométrie analytique, les lignes d'égale teinte, le point brillant, la pénombre et les séparations d'ombre et de lumière, ils exécutèrent une sphère avec toutes les dégradations de ses teintes, et avec son ombre portée sur un plan : l'illusion produite par cette peinture mathématique, fut parfaite. Les élèves, qui avaient fait en secret leur dessin, le déposèrent un soir sur une table bien éclairée, à l'heure où Monge devait venir. Il fut frappé de l'effet de ce travail, et son cœur le fut plus encore par la jouissance que lui procurait l'ingénieuse amitié de ses élèves.

---

(1) Voyez à la fin du Mémoire déjà cité : *De solidis quorum superficiem in planum explicare licet.*

Malus, qui se trouvait au milieu d'eux, a poussé beaucoup plus loin ce genre de recherches. Il a déterminé, par la géométrie analytique la plus savante, les lois mathématiques de la réflexion et de la réfraction des rayons de lumière. Il a démontré que, si les rayons incidents partent d'un point unique, le faisceau des rayons réfléchis ou réfractés une première fois par une surface quelconque, est toujours décomposable en deux systèmes de surfaces développables. Il croyait avoir prouvé que cette belle propriété ne pouvait plus avoir lieu, généralement, pour une seconde réflexion ni pour une seconde réfraction. Depuis l'époque où il a publié son travail, on a démontré que, quelles que soient les formes des surfaces réfléchissantes ou réfractantes, dès qu'un premier faisceau se compose de surfaces développables orthogonales, la même propriété se conserve dans toutes les réflexions et dans toutes les réfractions subséquentes (1).

Nous allons finir par l'historique du défilement, notre exposé des applications de la géométrie descriptive. Il fallait fort peu de géométrie pour défiler convenablement les fortifications, en opérant sur les lieux. Au moyen de jalons, de règles et d'instruments propres à prendre des directions et à mesurer des angles, l'habileté du coup d'œil faisait, du premier abord, approcher sensiblement de la bonne solution ; ensuite un petit nombre de tâtonnements bien dirigés, permettaient d'atteindre à très-peu près cette solution la meilleure possible. C'est ainsi que, dans les ouvrages de Vauban et de Cormontaigne, les tracés et les reliefs déterminés sur le terrain, d'après la méthode dont nous parlons, font encore l'admiration des plus habiles ingénieurs.

---

(1) Mémoire sur les routes suivies par les rayons de lumière réfléchis par des miroirs de forme quelconque, etc., et Rapport fait à l'Institut sur ce Mémoire par M. Cauchy.

Voici maintenant quelles sont les tentatives qu'on a faites pour arriver à défiler une fortification par d'autres voies que par le tâtonnement. Il fallait d'abord exprimer géométriquement, sur du papier qui n'a que deux dimensions, un terrain qui en a trois; or, jusqu'au milieu du siècle passé, c'était pour les ingénieurs militaires, une difficulté qui paraissait presque insurmontable.

La première idée qui se présenta fut de prendre pour base un plan horizontal, supposé celui du papier, et passant par un point donné du terrain; puis d'y rapporter un certain nombre d'autres points par des projections horizontales, en écrivant à côté de chaque projection, la hauteur du point au-dessus ou au-dessous du plan. Cette méthode imparfaite, n'était autre chose que celle avec laquelle on représente le fond de la mer par des hauteurs de sonde dans les cartes hydrographiques; l'application qu'on en a faite aux tracés des fortifications est due à M. de Châtillon, premier commandant de l'école de Mézières, issu d'une célèbre famille d'ingénieurs militaires, et lui-même ingénieur d'un rare mérite.

En 1749, année qui suivit l'établissement de l'école de Mézières, un autre officier du génie, Milet de Mureau, proposa de marquer sur le papier les hauteurs du terrain, par des cotes dont les points fussent alignés suivant des directions perpendiculaires à une ligne tracée sur le terrain dans un plan vertical, et passant par le point le plus élevé. Une telle pensée était heureuse, en ce qu'elle offrait dans les déterminations une loi de continuité, qui pouvait donner une idée juste des dégradations de la forme du terrain. D'ailleurs, cette méthode était déjà pratiquée dans les opérations topographiques relatives au creusement des ports, et au tracé des profils transversaux des routes.

Le problème fondamental à résoudre, quand la forme du terrain est rigoureusement définie, c'est de mener au terrain compris dans les limites du défilement, par une ligne qui sert de base aux ouvrages qu'on veut défiler, le plan tangent le plus élevé possible. Pour déterminer complétement ce plan, qu'on appelle le plan de site, il suffirait de trouver son point de contact avec le terrain : mais comment y parvenir sans méthode géométrique?

On regardait comme le point de contact cherché chacun de ceux qui semblaient devoir peu s'éloigner de la vraie position. Ensuite, on vérifiait par des calculs compliqués et fort longs, si le plan déterminé de la sorte ne passait pas au-dessous de quelques-uns des points environnants. Dans ce cas, on menait, par un de ces nouveaux points, le plan supposé tangent au terrain; on faisait une seconde vérification semblable à la première; puis une troisième, si la seconde n'était pas favorable, et ainsi de suite.

Lorsque Monge eut à s'occuper du défilement, il conçut l'idée d'un cône partout tangent au terrain, et dont le centre serait sur la droite par laquelle on devait mener le plan tangent à ce terrain. Le plan, passant par cette droite et de plus tangent au cône, est le plan de site cherché.

Le plan de site une fois trouvé, pour y rapporter touts les éléments qui composent le relief d'une fortification, on calculait la distance de ces points à ce plan par des proportionnelles, ce qui exigeait une immense quantité de calculs. Telle était la seconde difficulté qu'il s'agissait de vaincre. Dubuat, ingénieur militaire, a rédigé, en 1768, un mémoire qui semble être le complément de la méthode employée par Monge pour cet objet. Dans ce mémoire, on représente le plan de site par sa ligne de plus grande pente; on cote cette ligne comme une échelle, par intervalles égaux, représentant des hauteurs pareillement croissantes, d'une division à l'autre et par intervalles égaux. Alors, en menant des horizontales perpendiculaires à cette ligne, on a de suite la hauteur d'un point quelconque du plan de site au-dessus d'un plan horizontal donné, et par conséquent le relief de touts les points de la fortification sur ce dernier plan.

Plus tard, Monge a fort agrandi l'idée de représenter un plan par sa ligne de plus grande pente, en représentant les terrains de formes quelconques, par le système de leurs lignes de plus grande pente : système qui, dans beaucoup de cas, a des avantages qui lui sont particuliers.

Un autre moyen plus propre encore à définir rigoureusement et complétement les formes du terrain, est de les représenter par des courbes horizontales tracées sur ce terrain dans des plans équidistants. Cette idée est-elle due à Monge ? est-elle plus ancienne que lui ? est-elle due à quelqu'un de ses élèves ? Voilà ce qui semble difficile à décider.

Dans un mémoire de 1777, Meusnier a fait, du tracé par courbes horizontales, une application fort heureuse au problème de la recherche du plan de site, d'après la considération que l'angle formé par ce plan et l'horizon doit être un maximum.

Par la droite, suivant laquelle doit être mené le plan de défilement, Meusnier conçoit un plan tangent à chaque courbe horizontale tracée sur le terrain ; la trace de ce plan, sur le plan horizontal de la courbe, est la tangente à cette courbe qui passe par la droite donnée.

En cotant sur cette droite les points également espacés qui correspondent aux plans également espacés des courbes horizontales, et menant, à partir de chaque point, une tangente à la courbe correspondante, on a le système des traces de touts les plans tangents aux courbes horizontales , et menés par la droite fondamentale. Celle de toutes ces traces qui s'écarte le moins de la partie ascendante de la droite, est la droite du plan cherché. En effet, c'est la trace du plan dont la plus grande pente est un maximum.

Meusnier résout aussi le problème d'un plan tangent au cône, en employant les courbes horizontales.

A la création de l'école polytechnique, MM. Dobenheim et Say ont repris la question des défilements, en appliquant les solutions générales que nous venons d'indiquer, au tracé et au relief des différents ouvrages dont se compose une fortification.

J'ai pensé que cet historique d'un problème très-intéressant en lui-même, montrerait jusqu'à l'évidence les immenses avantages que les travaux publics ont retirés des méthodes de la géométrie descriptive.

On voit, par cet historique, qu'il y avait à l'école de Mézières, et dans le corps du génie militaire, un esprit de perfectionnement très-remarquable et très-digne d'éloges. Ce corps qui a fourni tant d'hommes célèbres pour la défense de l'état et le progrès des sciences, crut long-temps qu'il importait à la force nationale de cacher des connaissances auxquelles les autres nations ne pouvaient pas encore atteindre. Mais, à mesure que les peuples nos rivaux se sont instruits, ce mystère est devenu moins nécessaire. Il a même tourné contre nous. On a vu pendant les dernières guerres, en 1799, un émigré français, l'ingénieur Bousmard, oubliant tout amour pour une patrie qu'il combattait, et tout respect pour les prohibitions d'un corps auquel il n'appartenait plus, publier chez l'ennemi l'un des meilleurs ouvrages (1) qui aient paru sur la fortification,

(1) Ce livre est dédié au roi de Prusse.

et qui fut composé sur les manuscrits secrets de Mézières. Un officier du génie est tué en Espagne, un officier d'artillerie hérite de ses effets; il y trouve les mémoires et l'exposition des cours de l'école de Metz, sur la fortification; passe à l'étranger, porte cet ouvrage en Russie, et l'y publie en 1811, à la veille de la guerre qui a décidé du sort de l'Europe (1).

Ainsi, les puissances étrangères ont profité les premières, et dans les moments les plus importants, d'une publicité interdite en France à nos méthodes (2).

Il est donc bien prouvé qu'aujourd'hui nous ne saurions espérer de tenir long-temps secrètes les méthodes nouvelles qui tiennent au progrès des sciences. Il faut réserver notre silence pour les données positives et statistiques de l'art militaire; pour les plans de nos places fortes, pour l'état numératif de leur matériel, et laisser ainsi l'étranger toujours dans l'ignorance sur la valeur absolue de nos moyens effectifs d'attaque et de défense. Mais, quant aux préceptes scientifiques qui se rapportent à l'art, je le redis encore, ce serait à présent la plus vaine des entreprises que de vouloir en renfermer la connaissance entre quatre à cinq cents officiers d'un seul des corps de l'armée.

---

(1) Ce livre est dédié à l'empereur de Russie.

(2) En 1806, parut le Ier. cahier des Exercices sur la fortification, à l'usage de l'école de l'artillerie et du génie militaire à Metz. Aussitôt, le ministre de la guerre ordonna de discontinuer cette publication, qui fut achevée cinq ans plus tard en Russie, sous de tout autres auspices!....

GÉOMÉTRIE APPLIQUÉE A LA MÉCHANIQUE.

J'ai précédemment indiqué par un court aperçu, la manière dont Monge a conçu la description des machines : je vais rendre ses idées à ce sujet d'une manière plus précise.

On peut décomposer un mouvement quelconque en mouvements de translation et de rotation ; chacun de ces mouvements élémentaires peut être continu, c'est-à-dire, se prolonger indéfiniment dans la même direction ; ou bien alternatif, c'est-à-dire, prenant tour à tour une direction et la direction rétrograde.

Monge suppose donc successivement qu'une puissance agissant par un mouvement de translation ou de rotation, 1°. continu, 2°. alternatif, elle transmette son action suivant une autre direction ou une autre vitesse par un mouvement de translation ou de rotation, 1°. continu, 2°. alternatif. Voilà quatre éléments distincts à combiner deux à deux pour épuiser tous les cas possibles, en transmettant la force et la vitesse sans altération, ou bien en les rendant tantôt plus lentes et tantôt plus rapides.

Monge a developpé ces idées dans ses leçons à l'école normale, et dans quelques leçons données à l'école polytechnique.

Il y a douze ans, M. Ferry (1), chargé de professer à Metz

---

(1) M. Ferry, après avoir été professeur à l'école du génie de Mézières, à l'école d'artillerie et du génie de Metz, ainsi qu'au lycée de cette ville, et pendant plusieurs années examinateur de géométrie descriptive à l'école polytechnique, s'est vu tout

le cours de description des machines, publia plusieurs feuilles
de géométrie appliquée à ce sujet si intéressant pour les arts;
il expliqua dans ces feuilles les principes que nous venons d'indiquer, en y joignant des développements et des démonstrations qui lui appartiennent.

Depuis lors, MM. Lanz et Bétancourt ont suivi pareillement
la marche tracée par Monge, et ont publié leur Essai sur les
machines (1), ouvrage adopté pour l'enseignement de cette
partie à l'école polytechnique.

Plus tard encore, M. Hachette a publié son Traité des machines, sur le même plan, mais sur une échelle plus étendue.

Enfin, M. Borgnis publie maintenant une suite de traités qui
présentera l'énumération complète de touts les moyens de l'art
pour transmettre des actions méchaniques.

J'ai dit, dans la première partie, que Monge avait écrit un
traité de statique élémentaire; il y suit la méthode si directe
et si facile des infiniment petits; il regrettait d'avoir été forcé,
d'après les instructions rédigées par Borda, de n'employer que
la méthode synthétique en bannissant l'emploi des équations.
On doit convenir que cet emploi peut, dans un grand nombre
de cas, rendre plus directe et plus facile la marche des démonstrations : or, c'est cette rapidité et cette facilité qu'il faut surtout chercher dans les ouvrages vraiment élémentaires. Telles

---

à coup, en 1815, dépouillé des fonctions scientifiques qu'il remplissait honorable-
ment ; et renvoyé sans qu'on lui donnât la récompense, accordée par la loi, pour
plus de trente années de services rendus aux sciences et à l'état. M. Ferry est sans
traitement de retraite, sans fortune, et père de famille! Soyons certain que l'autorité
se hâtera de réparer encore un de ces maux d'une époque dont elle s'efforce de faire
oublier les ravages.

(1) M. Lanz vient de faire paraltre une nouvelle édition de cet ouvrage : elle est
considérablement augmentée.

sont même les qualités qui ont fait mettre la statique de Monge au nombre des ouvrages que doivent étudier les aspirants à l'école polytechnique.

Quoique Monge n'ait pas dirigé ses travaux vers la dynamique, il n'en a pas moins servi très-efficacement cette science par ses théories géométriques. Les esprits, habitués à voir distinctement dans l'espace des plans coordonnés, des lignes et des surfaces à simple et à double courbure, se former, se couper, se toucher, se plier ou se développer suivant des lois variées, sont devenus des esprits éminemment propres à concevoir et à décrire les phénomènes généraux du mouvement des corps.

Aussi les travaux en méchanique dûs aux élèves de Monge ont-ils un caractère particulier et très-remarquable, qu'il serait facile de reconnaître et de développer en analysant les productions mathématiques de MM. Carnot, Fourier, Poisson et Prony; les considérations données par M. Biot sur les oscillations coniques des pendules; les conceptions de M. Poinsot sur les couples, les aires et les moments; les recherches de M. Binet sur les moments d'inertie des corps, et sur l'élasticité des courbes à double courbure, etc.

Ainsi, dans toutes les parties des sciences mathématiques, Monge se montre aux yeux de l'historien philosophique, non pas seulement avec la grande masse de ses travaux; mais cette masse, comme un riche et beau diamant, est encore rehaussée par la couronne des travaux de toute l'école qu'il a créée pour la science de l'étendue.

PHYSIQUE.

ATTRACTION MOLÉCULAIRE.

Lorsque, sur un fluide en repos, on fait flotter deux petits corps sans leur donner d'impulsion dans aucun sens, il semblerait, d'après les lois ordinaires de l'équilibre, que ces corps devraient persévérer dans leur état de repos, quelle que soit la distance à laquelle on les place l'un de l'autre. Mais il n'en est pas ainsi, quand les deux corps sont en même temps de nature à être mouillés par le fluide, ou ne le sont ni l'un ni l'autre; dès qu'ils se trouvent placés à une certaine distance, ils se rapprochent par un mouvement, insensible d'abord, et de plus en plus rapide, jusqu'à ce qu'ils se joignent. Dans cette position, si l'on essaie d'éloigner un de ces corps, l'autre s'avance vers lui, pour ne pas cesser de le toucher.

Si l'un des deux corps était seul de nature à être mouillé par le fluide, il y aurait au contraire une force de répulsion telle que, en poussant le premier vers le second, celui-ci prendrait du mouvement pour fuir l'autre avec lequel il ne pourrait jamais rester en contact.

Monge fait voir que, dans ces phénomènes, l'action des corps flottants l'un sur l'autre est nulle, et que tout dépend 1°. de l'attraction des molécules fluides entre elles; 2°. de l'attraction ou non attraction de ces molécules pour les corps.

19

Parmi les considérations les plus ingénieuses et les observations les plus délicates, présentées dans le mémoire où ce sujet
est traité, on doit remarquer l'examen des causes de la non
attraction apparente des globules aqueux entre eux et avec
l'eau, à certains degrés de température et dans certaines circonstances.

L'auteur fait voir que si deux plaques de verre, plongées
dans l'eau, sont rapprochées à une petite distance, elles doivent céder à une force provenant de l'attraction des molécules
du fluide entre elles, et être poussées l'une contre l'autre par
l'effet de cette attraction.

La démonstration des causes de ce phénomène fournit à
Monge l'explication la plus heureuse de la force par laquelle
les éléments des cristaux, suspendus dans une dissolution, se
rapprochent les uns des autres. Ces éléments, se mettant en
contact par le plus de points possibles ; s'y mettent dès lors
suivant une loi mathématique ; loi manifestée par la régularité
de la cristallisation, si nulle cause étrangère ne trouble l'ordre de
cette opération de la nature.

Monge explique aussi très-bien l'apparente imperméabilité de
certains corps pour des substances qui sont très-ténues ; tandis
que d'autres substances, qui le sont beaucoup moins, les tra-
versent facilement : ces dernières substances peuvent mouiller
les corps dont il s'agit, tandis que les premières ne le peuvent pas.

On voit, en lisant ce mémoire, que Monge était sur la voie
de la vraie théorie de la capillarité. Il est parvenu depuis à
rendre raison des phénomènes de ce genre, en considérant
comme des surfaces élastiques, les surfaces fluides élevées
ou déprimées par la capillarité. Malheureusement il n'a pas
rédigé ses moyens de solution, et j'en ai gardé, d'après une

conversation que j'ai eue avec lui sur ce sujet il y a long-temps, un souvenir trop confus pour le présenter ici avec plus de détails.

La théorie de M. de la Place sur la capillarité est connue de touts les hommes qui ne sont pas entièrement étrangers à la philosophie naturelle, elle est le complément des recherches sur l'attraction moléculaire. Le docteur Young, secrétaire de la société royale de Londres, a traité de son côté la même théorie, avec cette finesse qu'il apporte dans toutes ses applications des mathématiques à la physique.

OPTIQUE.

Les phénomènes de l'optique ont souvent été l'objet des méditations de Monge, et de ses observations. Il avait particulièrement examiné les causes et les effets de la coloration des corps par les reflets de l'atmosphère, étude qui constitue la théorie de la perspective aérienne. Il a donné, sur ce sujet, des leçons d'un extrême intérêt, aux premiers élèves de l'école polytechnique (1).

Les seuls écrits qu'il ait publiés à cet égard sont un mémoire sur quelques phénomènes de la vision, inséré dans le troisième volume des Annales de chimie; et son mémoire sur le mirage, qui parut d'abord dans la Décade Égyptienne.

Dans le premier mémoire, il cherche à découvrir pour quelle raison les corps blancs et rouges regardés à travers un verre rouge, comme les corps blancs et verts regardés dans un verre vert, au lieu de paraître, suivant l'un ou l'autre de ces cas, tous les deux rouges ou tous les deux verts, ont l'apparence de corps blancs.

Monge suppose que les formes des corps nous sont indiquées, non point par les rayons colorés plus ou moins intenses qui nous sont envoyés des divers points de leur surface, mais par des rayons blancs toujours mêlés aux rayons colorés: tels

(1) M. Brisson, chargé de l'examen des papiers laissés par Monge, a trouvé le manuscrit de trois leçons données à l'école normale, sur les ombres, la perspective linéaire et la perspective aérienne : il est à désirer qu'on les imprime.

sont les rayons envoyés à notre œil par les points brillants et les arêtes brillantes des sphères et des cylindres ou des cônes ; points et lignes que les peintres ne peuvent représenter sur des corps colorés, qu'en les faisant d'un blanc parfait. Il fortifie cette idée par des rapprochements ingénieux, et en tire des conséquences qui le conduisent à l'explication des phénomènes, objets principaux de son travail.

Un mémoire beaucoup plus important est celui dans lequel Monge donne l'explication du mirage. Il fait voir que la véritable cause de ce phénomène est dans l'altération des densités de l'air, à partir des points les plus bas.

Ces densités, dans l'état habituel de l'atmosphère, sont d'autant moindres, que les couches sont plus élevées. Mais, lorsque la terre ou les eaux sont sensiblement plus échauffées que l'atmosphère, elles peuvent communiquer aux couches inférieures de l'air un degré de chaleur qui, jusqu'à une certaine hauteur, renverse l'ordre des densités. On conçoit qu'alors les objets placés près de l'horizon, à une distance plus ou moins grande de l'observateur, lui enverront des rayons de lumière qui, par l'effet des réfractions, présenteront des courbes trajectoires de formes très-variées, avec ou sans inflexions. Ces trajectoires, suivant qu'elles se croiseront ou ne se croiseront pas, pourront offrir de chaque objet une image renversée ou directe, multiple ou simple, etc.

Les calculs postérieurs des physiciens ont parfaitement vérifié les conceptions de Monge et ses explications : elles ont d'autant plus de mérite que, pour s'élever jusqu'à elles, leur auteur n'a pas pu s'aider d'instruments précis et d'observations multipliées à loisir. C'est dans les déserts d'Afrique, pendant une marche pénible, au milieu d'une colonne d'armée, et en présence de l'ennemi, que le nouvel Archimède méditait, comme dans le calme de la paix, sur les phénomènes et les lois de la nature.

A cette même époque, en 1797, le docteur Wollaston, placé dans des circonstances plus heureuses, faisait, sur la Tamise, des observations de mirage où l'on remarque toute l'exactitude, la sûreté de méthode et la délicatesse de moyens qui caractérisent les recherches de ce célèbre physicien.

Dans l'hiver de 1808, MM. Biot et Mathieu vinrent à Dunkerque pour y vérifier la latitude, à l'extrémité boréale de la méridienne, mesurée pour servir de base au système métrique de la France.

Ils profitèrent du voisinage de la mer pour observer avec leurs instruments astronomiques les phénomènes du mirage, qui, sur les rivages de Dunkerque, sont très-sensibles et très-fréquents. Ces observations ont été faites avec autant de soin que de précision; et l'on doit citer, comme un des principaux titres scientifiques de M. Biot, l'exposition raisonnée des phénomènes du mirage, et la théorie mathématique qu'il en a donnée dans un mémoire fort étendu (1).

(1) Voyez les Mémoires de l'Institut pour 1809.

MÉTÉOROLOGIE.

Les phénomènes de la nature dont l'étude importe le plus à l'homme sont ceux qui, dans chaque instant, influent sur sa manière d'être : tels sont ceux que nous présentent les différents états de l'atmosphère. L'air où nous vivons varie à tout moment de chaleur, de pesanteur, d'état et d'aspect. Il se combine avec des quantités d'eau, variables comme la température de ce milieu. S'il dépasse son terme de saturation d'humidité, relatif à chaque degré de température, l'eau reste suspendue dans son sein sous forme de nuages; ou se précipite à la surface de la terre en pluie, en grêle et en neige, ou bien enfin se dépose sous la forme de rosée ou de frimats. Quelles sont les causes de ces phénomènes si divers? Tel est l'objet des recherches de la science connue sous le nom de météorologie.

Lorsque la physique était dans l'enfance, on croyait que l'eau absorbée par l'atmosphère s'élevait et se maintenait en suspension dans ce milieu, à la manière des corps qui flottent dans les liquides. On imaginait pour cela des bulles d'air avec une enveloppe aqueuse, semblables aux bulles de savon que les enfants lancent dans l'air avec un chalumeau.

Ensuite on a supposé que l'air exerce sur l'eau une force d'attraction qui la fait passer à l'état aériforme, de même que l'eau exerce sur les molécules gazeuses de l'air une force d'attraction qui les fait passer à l'état liquide. On avait posé les principes suivants :

1°. L'eau parfaitement dissoute dans l'air ne trouble pas la transparence de l'atmosphère : ainsi les nuages sont pour l'air un précipité d'eau.

2°. L'air a d'autant moins de force pour dissoudre de l'eau, qu'il en contient déjà davantage en dissolution.

3°. Pour chaque degré de température, l'air peut tenir en dissolution une certaine quantité d'eau, laquelle est d'autant plus grande que la température est plus élevée.

C'est de ces principes, dûs au docteur le Roy, que Monge est parti pour expliquer les phénomènes de la météorologie. Il a cru devoir poser un principe encore : c'est que l'air peut tenir en dissolution d'autant plus d'eau qu'il est plus comprimé. Il faut convenir qu'il a su rapprocher les phénomènes avec un art infini, pour justifier une telle hypothèse. Elle prend toutes les apparences de la base rigoureuse d'une saine théorie ; et, si l'on pouvait admettre ce principe comme un fait, il faudrait citer le mémoire de Monge comme un des plus beaux modèles de recherches physiques.

Mais des expériences positives faites par Dalton, célèbre physicien de Manchester, ont mis hors de doute que la capacité de l'air, pour tenir de l'eau en suspension, ne dépend pas de la compression de l'air. Dalton a fait voir que, à degré pareil de température, l'eau se vaporisait en égale quantité dans un espace donné, soit que cet espace fût vide, ou qu'il contînt de l'air pur, ou un seul gaz, ou un nombre quelconque de gaz déjà comprimés par une force quelconque.

Une expérience hygrométrique faite par Saussure avait annoncé d'avance la découverte de Dalton ; Saussure avait trouvé qu'en faisant le vide sous une cloche posée sur le plateau d'une machine pneumatique, l'hygromètre renfermé dans la cloche, au lieu d'indiquer une humidité toujours croissante, comme cela aurait dû avoir lieu si l'air, en se raréfiant, avait diminué de capacité pour l'eau; l'hygromètre, dis-je, ne rétrogradait que pendant un moment vers l'humidité; bientôt après chaque coup de piston, il revenait, et s'avançait de plus en plus vers l'extrême sécheresse. Malheureusement plusieurs forces agissant ici dans le même temps, il était impossible, avec le seul secours du raisonnement, de décider si c'était plutôt telle force que telle autre qui produisait telle ou telle partie du phénomène. Monge n'attribua pas, comme il le fallait, la marche de l'hygromètre vers l'humidité immédiatement après chaque coup de piston, au seul refroidissement causé dans l'air par la raréfaction; ensuite il regarda la marche de l'hygromètre vers la sécheresse, comme le résultat de la diminution de pression de l'air sur le cheveu; il fallait, au contraire, l'attribuer à la raréfaction d'une quantité d'eau du cheveu de l'hygromètre, servant à remplacer la portion d'eau retirée de dessous la cloche par le jeu de la machine pneumatique.

L'erreur dans laquelle Monge est tombé mérite de fixer l'attention des hommes qui se livrent à l'étude de la nature, pour les mettre en garde contre le danger d'apprécier les effets et de chercher les causes des phénomènes par des considérations spéculatives et par des inductions plus ou moins fines, plus ou moins ingénieuses, au lieu de ne procéder que sur les observations exécutées avec des instruments parfaits, et donnant pour résultats des quantités rigoureusement mesurées. C'est en suivant cette dernière méthode qu'on réduit la physique à la détermination des unités et à la science des rapports de quantités offertes par la nature. On en fait alors une science vraiment mathématique, parce qu'elle réunit la rigueur des moyens à la certitude des résultats.

TECHNOLOGIE.

—

ART DU FEUTRAGE.

———

Le mémoire de Monge sur le feutrage me paraît un de ceux où la finesse de son esprit d'observation se montre de la manière la plus brillante.

Souvent des procédés d'art, très-simples en apparence, reposent sur certaines formes de corps dont la physique la plus délicate, peut à peine, avec ses meilleurs instruments, reconnaître la contexture. Tel est le procédé du feutrage dans la chapellerie, et du foulage des étoffes de laine, pour accroître la consistance de leur tissu.

Le cheveu, la laine des brebis et les poils du lapin, du lièvre, du castor, regardés au microscope, ne présentent qu'une surface lisse et sans inégalités. Cependant il est possible de démontrer qu'ils sont composés de couches annulaires ou d'écailles qui se recouvrent constamment en allant de la racine vers la pointe du poil ou de la laine. C'est d'abord ce que fait Monge en rapprochant plusieurs faits très-curieux. Par ces faits il démontre que, quand plusieurs de ces filaments sont mis en contact, et froissés l'un contre l'autre par un mouvement quelconque, chaque poil doit s'avancer du côté de sa racine. Si le filament est courbe, il s'avancera circulairement, il s'enlacera de plus en plus avec ceux qui l'avoisinent. Voilà comment par de simples pressions exercées sur la toile dont on recouvre des laines, ou des poils préparés pour la chapellerie, on forme le tissu du feutre.

C'est par une action semblable que l'effet du foulage est de feutrer les étoffes de laine, en enlaçant les parties saillantes qui forment le velu des fils de la chaîne et de la trame.

Quand les chapeliers emploient des poils naturellement droits, ils commencent, au moyen d'une préparation chimique, par leur donner de la courbure; alors ils sont aussi propres au feutrage que la laine qui est naturellement courbe. Monge explique ce procédé en faisant voir que des poils droits, au lieu de s'entrelacer, passeraient seulement à côté les uns des autres dans le prolongement de leur direction constante, et sans former de tissu.

On se sert de cette propriété pour faire des chapeaux à longs poils. Lorsqu'on veut les revêtir de cette espèce de fourrure, on présente, sur un feutre déjà formé, de petits poils qu'on presse à la manière ordinaire. Lorsqu'ils sont engagés au tiers ou au quart dans le feutre, on arrête l'opération; et touts les poils droits, implantés par leurs racines, présentent leurs pointes en dehors dans des directions semblables : quelques coups de brosse suffisent alors pour les coucher uniformément du côté qu'on désire.

CHIMIE GÉNÉRALE.

A L'ÉPOQUE où Monge entra dans l'académie des sciences, la chimie sortait enfin de son enfance. Lavoisier, Berthollet, Guyton, Laplace, portaient dans les recherches de cette science un esprit philosophique, qui devait bientôt conduire aux plus hautes vérités. Monge ne resta pas long-temps étranger à ce grand mouvement, et il eut le bonheur de participer à la gloire d'une des plus belles découvertes du siècle, celle des principes constituants de l'eau. Cavendish en Angleterre, puis Lavoisier et Laplace à Paris, et Monge à Mézières, parvinrent par des routes différentes au même résultat; Monge ne fut pas le premier, il est vrai; mais il n'eut pas connaissance des travaux des autres savants; et, sous ce point de vue, il doit partager la gloire attachée, sinon au bienfait de la publication première, au moins, à l'honneur qui revient au mérite pour la vérité trouvée, et la difficulté vaincue (1).

Monge, après avoir préparé du gaz oxigène et du gaz hydrogène dans le plus grand état de pureté où il ait pu les obtenir, les isola sous deux cloches plongées dans l'eau. Du haut de ces cloches partaient des tuyaux qui se réunissaient en un point unique au col d'un ballon vide, hermétiquement fermé, et dans lequel était un petit appareil eudiométrique de Volta. Monge fit entrer successivement des quantités d'hydrogène et d'oxigène

(1) Voyez, pour plus de détails, sur l'historique de cette découverte, l'Éloge de Cavendish, par M. Cuvier. (Mémoires de l'Institut; 1812.)

dans le ballon. Par le moyen de l'étincelle électrique il réduisit chaque fois à l'état d'eau une partie du mélange des deux gaz. Il obtint de la sorte une quantité d'eau plus considérable que celle qu'obtinrent les savants auxquels on doit la même découverte.

On peut voir dans le mémoire même le détail de tous les soins pris par l'auteur pour assurer la parfaite précision des procédés. Il faut surtout citer comme un modèle dans l'art d'interpréter les résultats des expériences, les considérations présentées par Monge sur le rôle que jouent le calorique et la lumière dans le phénomène de la composition de l'eau; et sur l'état d'incertitude où doivent rester les esprits justes, quant à la question de savoir si les deux principes de l'eau sont des corps essentiellement différents ou des proportions diverses de lumière, de calorique et d'une base constante.

On doit encore à Monge des expériences au sujet de la dilatation que produisent des étincelles électriques, sur du gaz acide carbonique renfermé sous des cloches plongées dans du mercure. Monge avait cru que c'était l'eau, tenue en dissolution par l'acide carbonique, qui était la source d'un gaz inflammable dont il avait remarqué la production; mais on a reconnu depuis que c'est le gaz acide carbonique lui-même qui se décompose et se change en gaz oxide de carbone.

Monge et Vandermonde ont fait ensemble une suite d'expériences intéressantes sur la dissolution du mercure par l'air atmosphérique; les résultats de ces expériences ont même été soumis à l'académie des sciences; mais je ne sache pas qu'ils aient été publiés.

ARTS CHIMIQUES.

MÉTALLURGIE.

Monge a fait en commun avec Vandermonde et Berthollet un travail très-considérable sur le fer considéré dans ses différents états métalliques. L'écrit où sont consignés les résultats de ce travail a paru dans la collection de l'Académie des sciences pour l'année 1786.

Les auteurs de ce mémoire se proposent de découvrir pourquoi le fer est fragile et fusible au sortir du fourneau, ductile mais infusible au sortir de l'affinerie; pourquoi la cémentation le rend susceptible d'acquérir, au moyen de la trempe, une très-grande dureté; pourquoi la cémentation poussée trop loin le rend de nouveau fusible et intraitable au marteau : enfin à quelles substances le fer doit ses propriétés dans ces états différents.

Avant de résoudre ces questions, les auteurs présentent l'historique des procédés d'art et des travaux scientifiques déjà connus sur le même sujet. Ils exposent les recherches expérimentales de Réaumur, de Bergman et de Scheële, fondées sur le système du phlogistique, tel qu'il était admis avant les découvertes de la chimie pneumatique.

La nouvelle nomenclature imaginée par les chimistes fran-

çais, n'existait pas encore à l'époque où fut écrit le mémoire
dont nous parlons; ce qui rend aujourd'hui fort pénible la lecture
de cet écrit. Mais on connaissait déjà la décomposition de l'air
et de l'eau, ainsi que les vraies causes du phénomène de la com-
bustion. C'est à l'aide de ces découvertes, et par des moyens
ingénieux et variés, que Monge, Berthollet et Vandermonde
traitent de nouveau la question des différents états du fer. Ils
montrent comment, par ses combinaisons avec un peu d'oxigène et plus ou moins de carbone, on forme toutes les fontes
de fer depuis la blanche jusqu'à la grise; comment, en faisant
disparaître le carbone en très-grande partie, le fer coulé passe
à l'état ductile de fer forgé; et comment au contraire, en sura-
joutant du carbone et faisant disparaître de l'oxigène, on change
le fer forgé en acier. Il serait superflu d'entrer dans de plus grands
détails à ce sujet.

Dans sa Description de l'art de fabriquer les canons, Monge
a traité de tous les états du fer d'une manière plus complète
encore, et en employant la nomenclature et les principes de la
nouvelle chimie. Cette partie, placée au commencement de
l'ouvrage, est développée avec une grande supériorité de vues.
On y retrouve cet ordre et cette clarté que Monge apportait
dans le développement des idées les plus profondes, comme
dans l'exposition des plus élémentaires. C'est encore l'instruction
la plus philosophique et la plus digne d'étude que les officiers des
fonderies puissent trouver relativement à la théorie des travaux
confiés à leur direction.

ÉCONOMIE DOMESTIQUE.

FABRICATION DES FROMAGES DE LODÉZAN.

Lorsque Monge était en Italie, il eut l'occasion de voir fabriquer ces énormes masses de fromage connu sous le nom de parmésan, et renommés pour le grand usage qu'en font les Italiens dans l'assaisonnement de leurs pâtes et d'une foule de leurs mets. Cette fabrication lui parut offrir beaucoup d'intérêt pour notre économie domestique. Comme il ne négligeait aucune occasion, aucun moyen de se rendre utile à son pays, il suivit attentivement toutes les manipulations de cette fabrication. Le mémoire où elles sont décrites est inséré dans le trente-deuxième volume des Annales de chimie, page 287. Cette description est complète, claire et précise, comme toutes celles données par Monge.

OUVRAGES ET MÉMOIRES

PUBLIÉS

Par Gaspard MONGE.

————————

§ I⁺.

Ouvrages publiés séparément.

1. Traité élémentaire de Statique ; *Paris*, 1 vol. in-8°., 1786.
2. Description de l'art de fabriquer les canons; 1 vol. in-4°. *Paris*, an II.
3. Leçons de géométrie descriptive, données à l'École Normale, publiées d'abord en feuilles, d'après les sténographes ; *Paris*, an III.
Les mêmes leçons, publiées en 1 vol. in-4°, an VII.
4. Feuilles d'analyse appliquée à la géométrie ; 1 vol. in-fol., an III.
La quatrième édition, in-4°., contient de plus que la première, la construction de l'équation des cordes vibrantes, des développements sur l'intégration des équations aux différentielles partielles, par les caractéristiques, etc. ; un vol. in-4°., 1809.

§ II,

MÉMOIRES

PUBLIÉS

DANS LES COLLECTIONS SCIENTIFIQUES.

Mémoires de l'Académie des Sciences de Turin.

(Volume publié pour les années 1770 et 1773.)

MÉMOIRE sur la détermination des fonctions arbitraires dans les intégrales de quelques équations aux différences partielles; pag. 16.

Second mémoire sur le calcul intégral de quelques équations aux différences partielles; page 79.

(Volume publié pour les années 1784 et 1785.)

Sur l'expression analytique de la génération des surfaces courbes; page 19.

Collection des savans étrangers de l'Académie des Sciences de Paris.

Tome VII. Année 1773. — Mémoire sur la construction des fonctions arbitraires qui entrent dans les intégrales des équations aux différences partielles; page 267.

Mémoire sur la détermination des fonctions arbitraires qui entrent dans les intégrales des équations aux différences partielles; page 305.

Réflexions sur un tour de cartes; page 390.

Tome IX. — Mémoire sur les fonctions arbitraires, continues ou discontinues, qui entrent dans les intégrales des équations aux différences finies, présenté le 20 août 1774; page 345.

Tome X. — Mémoire sur les développées des rayons de courbure et les différents genres d'inflexions des courbes à double courbure, présenté à l'Académie, en 1771; pag. 511.

Mémoires de l'Académie des Sciences de Paris.

Pour l'année 1781. Mémoire sur la théorie des déblais et des remblais; page 666.

Pour l'année 1783. Mémoire sur le résultat de l'inflammation du gaz inflammable et de l'air déphlogistiqué dans des vaisseaux clos; page 78.

Mémoire sur une méthode d'intégrer les équations aux différences ordinaires; page 719.

Mémoire sur l'intégration des équations aux différences finies qui ne sont pas linéaires; page 725.

Pour l'année 1784. Mémoire sur l'expression analytique de la génération des surfaces courbes; page 85.

Mémoire sur le calcul intégral des équations aux différences partielles; page 118.

Supplément où l'on fait voir que les équations aux différences ordinaires, pour lesquelles les conditions d'intégrabilité ne sont pas satisfaites, sont susceptibles d'une véritable intégration; page 502.

Pour l'année 1786. Mémoire sur le fer considéré dans ses différents états métalliques, par MM. Vandermonde, Berthollet et Monge; page 152.

Mémoire sur l'effet des étincelles électriques excitées dans l'air fixe; page 430.

Pour l'année 1787. Mémoire sur quelques effets d'attraction ou de répulsion apparente entre les molécules de matière; pag. 506.

Pour l'année 1789. Rapport fait à l'Académie des Sciences, sur le système général des poids et mesures, par les citoyens Borda, Lagrange et Monge (Histoire de l'Acad.); pag. 1.

Journal de l'École polytechnique.

Ier. Cahier; germinal an III. Plan du Cours de géométrie descriptive : Instruction donnée à l'École des chefs de brigade. Travaux géométriques des élèves de cette école; page 1.

CORRESPONDANCE POLYTECHNIQUE.

TOME 1er.

TOME II.

TOME III.

ANNALES DE CHIMIE.

DESCRIPTION DE L'ÉGYPTE.

État moderne. Tome Ier.

LA DÉCADE ÉGYPTIENNE.

Journal littéraire et d'économie politique.

MONUMENT

A ÉRIGER EN HONNEUR DE MONGE.

Lorsque le discours de M. Berthollet fut répandu par la voie de l'impression, il excita dans tous les anciens élèves de l'école polytechnique, cet enthousiasme et cette reconnaissance que Monge leur avait inspirés dans les beaux jours de sa vie. Vingt-trois d'entre eux appartenants à différents services, mais tous résidents de la ville de Douai, se réunirent spontanément; ils décidèrent d'écrire en commun à M. Berthollet, pour le prier de diriger l'érection d'un monument qui serait élevé, aux frais des anciens et des nouveaux élèves de l'école polytechnique, en honneur de Gaspard Monge. Nous insérons ici cette lettre, et la réponse à laquelle elle a donné lieu.

A M. LE COMTE BERTHOLLET, PAIR DE FRANCE ET MEMBRE DE L'INSTITUT.

Les anciens Élèves de L'École Polytechnique, placés dans les différents services publics, à Douai;

M. LE COMTE,

Monge est mort; l'école polytechnique perd son illustre fondateur.

Lorsque vous regrettiez de ne pas voir près de vous ses

élèves pleurer sur sa tombe, vous les jugiez bien ; ils remer-
cient votre éloquente amitié de les avoir associés à sa douleur ;
ils la supplient de faire plus encore : daignez, M. le comte,
soutenir de votre nom, diriger par vos conseils, le vœu qu'ils
ont formé d'élever un monument à l'école dont ils se font gloire
d'être sortis. Il sera modeste comme celui dont il doit honorer la
mémoire, durable comme le sentiment qui le demande. Tel serait l'emploi d'une souscription que d'anciens élèves de l'école
polytechnique proposent d'ouvrir, et qu'ils sont sûrs de voir
remplir par le reste de leurs camarades, dispersés aujourd'hui
dans les services publics. Touts se souviendront que ce savant
célèbre, non content de sacrifier son temps à l'instruction de
ses élèves, abandonnait chaque année son traitement pour
payer la pension de ceux qui se trouvaient sans fortune ; que,
dans les hauts emplois dont il fut investi, il mit toujours au
rang de ses plus glorieux titres, celui de professeur et de créateur de l'école.

Il appartient à vous, M. le comte, qui avez retracé si dignement les éminentes qualités de celui que nous pleurons, à son
collaborateur, à son ami, de diriger l'exécution de ce projet, en
donnant à notre vœu toute la publicité possible, et en désignant
un point de réunion pour nos faibles offrandes.

Que la famille de M. Monge nous pardonne d'oser nous as-
socier à ses droits, et qu'elle nous permette d'offrir ce dernier
tribut de reconnaissance à l'homme qui nous avait habitués à
le regarder comme un père.

Nous avons l'honneur, etc,

(Douai, 9 août 1818.)

Réponse de M. Berthollet.

MESSIEURS,

Je partage votre vénération pour l'ami que nous avons perdu, et je me félicite d'être votre mandataire pour le monument que votre reconnaissance veut élever à sa mémoire. On peut adresser les souscriptions à M. Bertrand, notaire, rue Coquillière, n°. 46, à Paris.

J'ai l'honneur, etc.

Signé BERTHOLLET.

Nous invitons aussi les anciens élèves qui ont cultivé spécialement l'architecture, à concourir pour le monument de Monge, et à faire passer leurs plans accompagnés d'un devis (1) estimatif, au même M. Bertrand, désigné dans la réponse que nous venons de faire connaître.

Un comité formé sous la présidence de M. Berthollet, et composé d'anciens élèves de l'école polytechnique, membres de l'institut, et officiers généraux ou supérieurs de tous les services publics, choisira, parmi les projets de monument, celui dont la simplicité s'alliera le mieux aux caractères du bon goût et de la durée. Ce comité fera connaître le nom de l'élève dont le projet l'emportera sur tous les autres. Les noms des souscripteurs seront inscrits sur le monument, dans des colonnes distinctes pour chaque service public et pour les parties scientifiques ou techniques.

---

(1) Il faut que la dépense présumée n'excède pas dix mille francs.

22

Nous donnons ici la liste des élèves qui ont déjà souscrit. Nous invitons les autres à suivre cet honorable exemple, et nous nous hâterons par une seconde liste de faire connaître leurs noms; alors nous indiquerons la quotité de chaque souscription.

Onze ingénieurs belges, anciens élèves de l'école polytechnique, dans leur réunion anniversaire de la fondation de cette école, viennent de voter une somme de onze cents francs pour concourir à l'érection du monument projeté par les élèves français. Ainsi, la séparation politique des Pays-Bas et de la France n'a pu relâcher les liens d'estime et d'amitié qui nous unissaient, quand nous servions la même patrie sous les mêmes drapeaux. J'ose ici me rendre l'interprète de tous les élèves français, pour offrir à nos camarades de la Belgique, le cordial hommage de notre reconnaissance et de notre inaltérable attachement. Nous ferons connaître la liste des ingénieurs belges, souscripteurs pour le monument de Monge, aussitôt qu'elle nous sera parvenue.

Les anciens élèves de l'école Polytechnique, nés dans les Pays-Bas, ont quitté nécessairement le service de la France pour celui du nouveau royaume dont leur pays natal fait partie. Ils ont formé une association qui mérite d'être citée comme un modèle. Les onze élèves souscripteurs du monument de Monge, répartis dans les différents services publics, se sont partagés, suivant leurs connaissances plus ou moins profondes en tel ou tel genre, la culture spéciale de chaque science et de chaque art nécessaires aux travaux publics. Chacun est obligé de se tenir au courant des progrès de cette science et de cette art qu'il a spécialement adoptés; et de lever toutes les difficultés, de fournir tous les documents, de donner tous les conseils que ses camarades pourraient lui demander à ce sujet. Chaque

année, les anciens élèves de l'école Polytechnique, en service
dans les Pays-Bas, se réunissent à Bruxelles pour conférer sur
leurs travaux divers, et s'éclairer mutuellement de leurs observations. L'époque de cette réunion est celle de la fondation de
l'école Polytechnique, et le buste de Monge décore toujours la
salle des séances.

LISTE DES SOUSCRIPTEURS
POUR LE MONUMENT DE MONGE.

Institut de France.

Arago.	Gay-Lussac.	Lacroix.
Dupin.		

Instruction publique.

Comte.	Petit.	Reistel.
Lesage.	Roux.	Terquem.

Ponts et Chaussées.

* Brisson (1).	Laval.	Roebell.
* Cordier.	Legrand.	Spinasse.
Courtois.	Lemoine.	Vallée.
* Fresnel.	Livache.	
Lacave.	Raucourt.	

Génie maritime.

C. Bezuchet.	* Gilbert.	C. Mazaudier.
L. Campagnac.	* Greslé.	L. Vincent.
C. Dumonteil.	C. Lefebure-Cérizy.	

Poudres et Salpêtres.

Champy.	Maguin.	Grand-Besançon.

Génie militaire.

L. Amphoux.	L. Baillot.	C. Berthelot.
G. Augoyat.	L. Barthe.	* Bergère.

---

(1) Explication des signes indiqués. * signifie : officier supérieur, ou ingénieur en chef; C. capitaine ; L. , lieutenant.

C. Boulangé.
C. Bruno.
L. Coignet.
C. Courtois.
* Delavigne.
C. Demondesir.
C. Dieudonné.
C. Divory.
C. Drumel.
L. Ducros.
C. Ducellier.
* Errard.
C. Fiévée.
L. Fremont.
* Genot.
L. Germain.

C. Gosselin.
L. Goupilleau.
C. Grimouville.
L. Groult.
L. Guéry.
L. Lebas.
L. Legrand.
C. Lepescheur.
C. Lendy.
C. Loppé. –
C. Marcellot.
L. Meilheurat.
C. Mermier.
* Morlaincourt (Franç.)
* Morlaincourt (Hyac.)
C. Morlaine. (Théod.)

C. Morlez.
L. Narjot.
C. Olivier.
C. Paste.
C. Peltier.
C. Perruchot.
C. Petitot.
C. Pierre.
C. Poncelet.
C. Rocquancourt.
C. Rouillon.
L. Salenave.
C. Vaillant.
* Vainsot.
C. Vanechout.
* Vinache.

Artillerie.

C. Ancinelle.
C. Barbier.
* Barré.
C. Besaucèle.
* Berenger.
L. Bertold.
C. Besser.
L. Blanc-Desilles.
C. Bollemont.
C. Cailly.
L. Castillon.
C. Cerfberr.
C. Culmann.
C. Dadolle.
C. Dalican.
L. Dauche.
C. Decayen.
C. De-la-Fizelière.
* Delord.
C. Demainville.
C. Deriencourt.

C. Dieudé.
C. Duchemin.
C. Duchet.
* Dumas.
C. Franchessin.
L. Gloux.
C. Guibert.
L. Hennebert.
* Henry.
* Hulot.
C. Jacquemont.
C. Lanity.
C. Lauwereins.
C. Leboul.
C. Lebrun.
L. Lecamus.
C. Legagneur.
L. Loizillon.
L. Mareschal.
L. Michaud.
L. Molinos.

C. Munier.
L. Mutel.
C. Nancy.
C. Pécheur.
C. Planquette.
L. Pradal.
L. Poupon.
L. Rogier.
C. Rouvroy.
C. Roy.
L. Sain-de-Mannevieux.
L. Surineau.
C. Tardif.
L. Tardy.
C. Thiry.
C. Tonnaire.
C. Vallier.
C. Varin-de-Beautot.
* Vaudrey.
C. Vezian.

École de l'Artillerie et du Génie, à Metz.

Allard.
Arnauldet.
Aufrey.
Bazin.

Bidault.
Bonneson.
Born.
Bouillon.

Chavelet.
Chevalier.
Courault.
Courot.

Cotte.
Delafoye.
Demeau.
Dessin.
Dubois.
Duddefau.
Dufourre.
Ferandy.
Garnier.
Gartempa.
Granier.
Gol.

Gouet.
Hinnard.
La Ribollerie.
Latour.
Lavalette.
Leborn.
Lecomble.
Lemarchand.
Magniez.
Mahol.
Marcy.
Meysonnier.

Morduz.
Morin.
Payon.
Picot.
Poitevin.
Saint-Paul.
Tioriers.
Trebault.
Veader.
Yver.

Divers corps de l'Armée.

Allard (aîné).
L. Artaud.
C. Bellencontre.
L. Bertin.
C. Bezault.
C. Bourgeois.
C. Bredef.
L. Brillard.
L. Clerget.
L. Conil.
L. David.
* De la Grange.
L. Delamarre.
C. Donzelot.
C. Douzon.
L. Dumarchais.
C. Emon.
L. Fabre.
L. Fauchon.

Forcevella.
L. Forfait.
C. Freston.
C. Gailly.
* Gauche.
C. Géant.
L. Girard.
L. Giraud.
L. Gravier.
C. Grégoire.
C. Guérard.
* Henraux.
* Hortet.
Jouffroy.
L. Laugaudin.
L. Lavedun.
L. Lebon.
L. Lemlt.
L. Maginez.

C. Marly.
L. Marminia.
L. Martener.
L. Martin.
C. Morel.
C. Pargoire.
L. Perris.
C. Polycarpe.
L. Poitier.
C. Serre.
L. Serry.
C. Tacon.
L. Tribert.
C. Robert.
L. Rocher.
C. Romagnez.
C. Roussac.
L. Violette.

Anciens Élèves de l'École polytechnique, sans désignation de corps.

Barbier.
Béranger.
Charles.
Despine.

Guillemot.
Henin.
Hesse.
Lecoursonnais.

Petit.
Raffard.
Segretain.
(Un anonyme).

TABLE

DES MATIÈRES.

FIN DE LA TABLE.